青鸟新知

青鸟
新知

森林不寂静

动 植 物 如 何 交 流

〔德〕玛德莲·琦歌 —— 著

萧晓男 —— 译

江苏凤凰科学技术出版社·南京

图书在版编目（CIP）数据

森林不寂静：动植物如何交流 / （德）玛德莲·琦歌著；
董晓男译. -- 南京：江苏凤凰科学技术出版社，2025.1. --
ISBN 978-7-5713-4873-1

Ⅰ. Q95-49；Q94-49

中国国家版本馆CIP数据核字第2024JF6672号

Kein Schweigen Im Walde: Wie Tiere und Pflanzen miteinander kommunizieren

Copyright © 2020 Piper Verlag GmbH, Munich, Germany

Simplified Chinese Language Translation copyright © 2024 by Phoenix Science Press, Ltd.

Chinese language edition arranged through HERCULES Business & Culture GmbH, Germany.

江苏省版权局著作合同登记图字：10-2023-300 号

森林不寂静　动植物如何交流

著　　　者	〔德〕玛德莲·琦歌
译　　　者	董晓男
封 面 绘 图	徐　洋
总 策 划	傅　梅
策　　　划	陈卫春　王　崇
责 任 编 辑	杜勇卫　朱　颖
责任设计编辑	蒋佳佳
责 任 校 对	金　磊
责 任 监 制	刘　钧

出 版 发 行	江苏凤凰科学技术出版社
出版社地址	南京市湖南路 1 号 A 楼，邮编：210009
编 读 信 箱	skkjzx@163.com
照　　　排	江苏凤凰制版有限公司
印　　　刷	南京新洲印刷有限公司

开　　　本	718 mm×1 005 mm　1/16
印　　　张	12
插　　　页	4
字　　　数	240 000
版　　　次	2025 年 1 月第 1 版
印　　　次	2025 年 1 月第 1 次印刷

标 准 书 号	ISBN 978-7-5713-4873-1
定　　　价	48.00 元

图书如有印装质量问题，可随时向我社印务部调换。联系电话：025-83657629

目录

CONTENTS

生命的处方笺

结构对生命来说功不可没。

两只手，两只眼睛？这一切都有其道理！

生命需要秩序，同时也创造秩序。

生命的秘密是：你会因系统而受益。

阳光、水和养分相互交织，

从虫子到牛，物质不断转换。

生生不息，生命必将继续。

倘无能量，举步维艰。

生命蓬勃繁衍，

遍至天涯海角。

分裂轻而易举，

一变二，二变多。

世上没有永远的秘密，

生命今日即知明日事。

感官锐利如刀，
生命对火热的炉灶做出反应。

千年的木质塔楼中，
生命在生长且永不停息。
蜗行或猫跃，
运动能葆生命永驻。

正如希腊人所说，万物流转。
生命不停地在提问。
所有的一切皆流动且相连，
生命终将找到自己的出路。

玛德莲·琦歌（Madlen Ziege）

导读

1. 每种生物都在进行交流

你今天与谁进行过交流？与你的伴侣、宠物还是你的盆栽？美国心理治疗师和传播学专家保罗·瓦兹拉维克（Paul Watzlawick）一针见血地指出："人无法不进行交流。"所以，我们不断地与其他人交换信息——在家里、与朋友或同事之间。但是，对地球上的其他生物来说，情况又是如何呢？保罗·瓦兹拉维克所说的那个"人"是否也适用于动物、植物和细菌？它们是否也"无法不进行交流"？"生物交流"（biocommunication）这个词即涵盖了本书的主题：一切生命体都在积极地发送和接收信息，因此都具备交流的能力！"生物"（bio）一词源自希腊文 βίος / bíos，意味着生命。"交流"（communication）一词则源自拉丁文 commūnicātiō，可以理解为传递信息。生物与交流有着天然的联系，就像鱼和水一样紧密契合，因为它需要植物或动物等生物接收和回应周围的信息。森林里的生物，从最小的真菌到最大的树木，也在互通有无。如果有人认为森林中寂静无声，可能是他没有用心聆听罢了！

2. 为什么需要这本书？

大自然了不起

我对于生物交流的兴趣，源自我家乡勃兰登堡州乡村里的森林、草地和流水。在那里到处都是唧唧、哞哞、嘎嘎的叫声，我从小就开始尝试与身边的生物建立联系。我最喜爱的书中许多童话、神话和传说都验证了我的观点：在那里，人们可以与动物和植物交谈，大自然的智慧可以帮助每个英雄走出绝望的境地。如今我知道，在那些古老的文化中，例如在凯尔特文化里，与大自然交流是再自然不过的事情了。冰岛和爱尔兰的一些居民在进行新的建筑项目时，仍然会征求"大自然之母"的许可。日本北海道最北端的阿伊努原住民，也会定期与动物和植物进行接触，以加强自身与自然的联系。如果人们不期望得到回应，又为什么要去和其他生物开启对话呢？

鱼儿之间在说什么？

我曾在德国波茨坦大学学习生物学，并很快就知道了我的职业生涯该往何处：我想成为一名行为生物学家！我渴望了解动物为何会表现出特定的行为，尤其是它们如何以及为何要彼此交流。我尤其对猫感兴趣，因此我当时的目标是研究这些神秘动物的交流行为。生活中的事情常常出乎意料，我在攻读硕士学位期间来到了墨西哥，当时我的第一个研究对象完全出乎意料，竟然是鱼类。一开始我对于自己在行为研究领域的这种变化并不是特别满意，因为这个研究对象在我当时看来，跟交流这个研究主题搭不上边。然而，事实证明"我的"鱼儿们确实与众不同！

大西洋玛丽鱼（*Poecilia mexicana*）和格里哈尔瓦河食蚊鱼（*Heterophallus milleri*）同属于胎生鱼类家族，它们的成员在性方面非常活跃。大多数鱼类与异性之间的接触并不多，因为它们进行的是体外受精：雌鱼产下卵子，雄鱼游过去释放精子，完事！不过，像大西洋玛丽鱼和格里哈尔瓦河食蚊鱼这样的胎生鱼类则是体内受精。雄性的精子必须以某种方式进入雌性的身体，才能使精子与卵子结合在一起。显然，在这种受精方式中，雌雄之间需要更多的交流！如果你觉得雄性和雌性之间的"对话"还不够有挑战性，别忘了除了要交配的两条鱼，鱼群中的其他鱼也自动成为一个巨大的沟通网络的一部分。因此，雄鱼和雌鱼很少可以完全独处、不被打扰地相互交流。鱼群中的其他鱼也可以获取这对情侣之间传递的信息，总有一些爱凑热闹的鱼在窥视和倾听小情侣间的交流。我硕士论文研究的重点，正是这种沟通中的三角关系。我进行了一系列行为实验，例如在有另外一条雄性观众存在时，雄鱼的求偶表现是否与没有观众时有所不同。它们是否仍会对同一条雌鱼感兴趣，或者在恋爱策略方面是否会发生变化? 你将在本书中找到这个问题的答案!

大西洋玛丽鱼（*Poecilia mexicana*）是一种胎生鱼类。雄性（左侧）在雌性（右侧）中选择，并在其体内受精。

城市野兔和乡村野兔谈论的话题不同

在我完成硕士论文后，我对大自然中信息交流话题越发着迷，一直还梦想着研究猫的交流行为。2010 年 5 月，我来到德国法兰克福大学，与我的博士生导师讨论关于猫的交流行为研究项目。有天晚上，我骑着没有车灯的自行车路过法兰克福的街道，突然一只懵懵懂懂的小野兔跳到了自行车道上。我差点躲闪不及，最后只能将自行车撞向路边的围篱。那只野兔和我都只是受了一些擦伤，但我们都吓了一跳。我很好奇，这只野生动物怎么会在像法兰克福这样的大都市里闲逛呢？第二天，我的导师问起我身上的擦伤，于是我向他讲述了这起发生在金融大都市中的奇遇记。他回答说："我早就想研究野兔了！"他建议我的博士论文专注于研究这些可爱的长耳兔的交流行为。我坚持不懈地试图说服他，认为猫更有趣，毕竟它们才是我成为行为生物学家的初衷。但在他的坚持下，我还是给了法兰克福的野兔们一个机会。我深入研究了相关文献，并在公园里仔细观察了这些小动物。令我惊讶的是，野兔们有非常特别的交流方式——它们会在同一个地点如厕。这些兔子们的厕所被称为"沟厕"，它们也是许多生活在群体中的哺乳动物之间的交流工具。对我来说，更有趣的是，这些野兔似乎在法兰克福生活得非常自在。它们坐在歌剧院前或德国证券交易所的摩天大楼前，这给游客们带来许多欢乐。这幅景象让我感到非常奇怪，我想知道到底是什么吸引了野兔们来到这座金融大都市：是因为一年四季都有丰盛的食物，城市中较温暖的气候，还是因为茂密的植被为它们提供了许多藏身之处？据我对鸟类的研究，动物的交流行为会因城市发生变化。因此，我进行了一项城市野兔和乡村野兔的比较研究，透过沟厕来探求它们的交流行为有哪些不同。城市野兔和乡村野兔是否会因为"谈论"的话题不同而在沟厕的使用上存在差异？我向你保证，后面我们一定也会深入探讨这个问题的！

这与人类有什么关系呢？

我越是深入研究生物间的交流，就越发意识到自己在沟通技巧方面还有很多需要改进的地方：我经常无法认真倾听，回答问题也时常跑题，或者不清楚自己到底想要表达什么。同样一种表达方式，对于某些人来说可能是一种优秀的沟通能力，而对另外一些人来说，则可能会被视为言语上的冒犯。对我这个勃兰登堡州人来说，如果我能勉强说出一句简短的"早"作为问候，那已经算是很了不起的事情了。可是，我在法兰克福大学攻读博士学位期间，我的这种沟通方式在身边的黑森州同事中就显得有些奇怪。

每天早上，我都要多说好几个字的问候语："大家早上好！"然而，我在斯图加特的一次访问中还听到过更加复杂的问候："早上好！一直在努力工作，是吧？"这明显超出了我在早晨的交流能力范围。那么，用十多个字打招呼的施瓦本人就比黑森州人或勃兰登堡州人更善于交流吗？在"早"和"是吧"之间，哪种沟通方式更好？

为了寻找这些问题的答案，我参加了无数有关沟通的课程和活动：既有关于电梯简报[1]训练的科学沟通，也有所谓的科学辩论。作为一名行为生物学家，在野外和实验室的工作之余，我本身也成了自己的研究对象。我与许多人接触，并向他们讲述我的研究以及我在研究上遇到的人际交流问题。每当我提及野兔复杂的沟厕模式对于动物而言，就像是人类的社交媒体一样，我的听众们都对此充满了兴趣。我总是被问到，自然界中的交流是如何进行的，植物或细菌是否也会进行交流。自然界中有效交流的秘诀是什么？人类的日常生活又如何能从中受益呢？随着对这些问题的深入探索，我发现了许多有趣的联系。在这本书中，我将把我作为一名行为生物学家的所知所学，与我自己在日常交流中的经验相结合，回答这些以及其他一些问题。

---

[1] 也叫电梯游说，指在很短的时间内向别人介绍自己的产品、服务、理念或是好的构想。

3. 生命的待办事项清单

在开始深入探索生物交流的世界之前，我们需要先补充一些理论知识。现在我们已经知道"bio"代表生命，那么生命到底是什么呢？哪些是所有生物共同具备的特征，以及需要拥有多少特征才能称之为"生命"？这些基本问题已经困扰了无数科学家，然而这个话题还远未达成最终的结论。目前所知，生命具有一些特征，例如繁殖和对环境做出反应的能力，通过这些特征我们能够识别生命的存在。在本书的开头，我以一首诗的形式概括了生命的重要特征。现在是时候让我们逐一剖析生命乐章的各个章节了。

生命有秩序

结构对生命来说功不可没。

两只手，两只眼睛？这一切都有其道理！

生命需要秩序，同时也创造秩序。

生命的秘密是：你会因系统而受益。

谚语"秩序是生命的一半"更准确的表达方式应该是"秩序是生命的全部"，因为在这个世界上，没有秩序和结构就没有生命。秩序体现在各个层面上，意味着一切都有其固定的位置，而非杂乱无序。原子是"组合"成分子的基本单位，而分子又是细胞的组成部分。"细胞"一词源自拉丁文cellula，意思是小房间。因此，细胞是通过坚固的细胞壁或灵活的细胞膜从外部封闭起来的。在这个小房间里，包含了生命所需的一切。许多这样的细胞可以形成多细胞的动物和植物，在它们身上也存在组织和结构的原则：一些细胞负责新陈代谢，一些细胞负责运动，还有一些细胞负责信息传递。所有具有相同功能的细胞属于一个细胞群体，也被称为组织。具有相同功能的组织同属于一个器官，而具有相同功能的器官又构成一个器官系统。机体会为这些细胞部门提供供给，以便它们能够安心地履行各自的职责。为了实现这一点，机体中存在各种运输系统，可以将养分和氧气输送到细胞中。如果在微观层面上（如细胞的排列方式）没有秩序，那么在宏观层面上（就像我们在对称的花朵形状中所看到的那样）也不会存在秩序。

生命交换物质

阳光、水和养分相互交织，
从虫子到牛，物质不断转换。
生生不息，生命必将继续。
倘无能量，举步维艰。

人类从日常生活中知道，从秩序到混乱的转变有多简单。为了保持一切井然有序，需要消耗很大能量。当我们整理和打扫住所时，吸尘器的能源来自电源插座。但与家电不同，作为生物的你无法从墙壁上获取能量。所以，能量与能量并不总是相同。对于你、我和所有其他生物，化学能量对于维持秩序来说至关重要。这种能量储存在每个生物所摄取的食物中。因此，与环境交换养分是生命的另一个重要特征：新陈代谢维持了细胞的秩序，从而维持整个生命的存在。如果我们让大自然自由发展，那么只会发生必要的物质交换以维持平衡。没有来自食物的能量，生命就无法接收或发送信息，从而也无法进行交流。

生命感知环境并对其做出反应

世上没有永远的秘密，

生命今日即知明日事。

感官锐利如刀，

生命对火热的炉灶做出反应。

森林无论在什么时候，都是环境中所有的生物和非生物成分独特组合而成的一个生态系统。其中非生物成分包括每一粒沙子、每一立方米空气和每一滴水！蚯蚓可以察觉到土壤中的石头，并在必要时找到其他路径穿越土壤。然而，对于我们来说，这块无生命的石头对蚯蚓并没有明显的反应。所有生物的一个重要特征就是能够通过感知系统察觉和对其生活环境做出反应。因此，生物的生活空间充满了各种视觉（光学）、听觉（声音）、力学（机械）、化学或电学数据。只有当生物通过其接收"细胞"感知这些数据以后，这些数据才会成为信息。这些接收细胞也被称为受体，源自拉丁文receptor，意思是接收器。受体的类型决定了生物能够接收的信息种类：就像动物的感官器官，如眼睛，非常适合感知颜色和形状，而鼻子则"刚好完美"适合感知气味。受体使生物能够在自己的生活环境中进行定位：哪里有光或水？我可以朝哪里移动而不碰到石头？

当一个生物遇到另一个生物时，可以通过它们的受体相互接收和交换信息。信息交流的能力又是交流的基础！只有生物之间的信息交流以及与无生命环境的相互作用，才能形成一个完整的整体：一个自我调节的生态系统。

生命繁衍

生命蓬勃繁衍，

遍至天涯海角。

分裂轻而易举，

一变二，二变多。

"Omnis cellula e cellula." 这句古老的拉丁语格言意思是每个细胞都来自另一个细胞。生命会繁衍，并将自身的遗传信息 DNA（脱氧核糖核酸）传递给下一代。理想情况下，后代也能够再次进行繁衍。而繁衍并不一定需要性的参与！单个细胞可以通过自我分裂来进行繁衍，这种细胞分裂的繁衍方式主要存在于单细胞生物，比如细菌。细胞会复制自身的组成部分，包括自身的遗传信息，并进行分裂。在适宜的条件下，某些细菌可以在 10~20 分钟内翻倍，从而产生 2 个完全相同的子细胞。这种无性繁殖也被称为无性生殖，因为它不需要像雄性和雌性这样的性别。对于进行无性繁殖的生物来说，寻找配偶的烦琐过程就被省略了。

有性繁殖则完全不同：在有性繁殖中，两个相同种类的生物的性细胞彼此融合。这些细胞具有一个特殊之处，它们都只携带着一半的 DNA 构成。只有当两个性细胞融合在一起时，DNA 构成才能完整。这个融合细胞被称为合子，通过细胞分裂，它可以成长为一个新的生命体。因此，通过有性繁殖产生的后代在个体间以及与父母之间都存在差异。这些父母是多细胞生物，如真菌、植物和动物，它们形成特殊的生殖细胞来进行性繁殖。这些生殖细胞并不总是分为雄性和雌性。像真菌这样的生物在性繁殖过程中理论上可以形成数千个不同的性别——在我看来这实在是太不可思议了！

生命不断地生长和运动

千年的木质塔楼中，
生命在生长且永不停息。
蜗行或猫跃，
运动能葆生命永驻。

如果受精成功，新的生命就可以开始生长，并且数量会增加。这个数量的增加是由细胞的分裂和伸展构成的。随着细胞的不断分裂和伸展，生长也会在其他层面上发生（如组织和器官）——无论是树围还是腰围都是如此。生物在大自然里生长的空间到底有多大，以下有个很极端的例子：迄今为止，已知的最大生物是地下生长的真菌奥氏蜜环菌（*Armillaria ostoyae*）。它在美国俄勒冈州的一个自然保护区中，占地 950 公顷，相当于 678 个足球场那么大。据科学家估计，这种真菌的年龄大约为 2 400 岁。而与之相反，最小生物之一的骑行纳古菌（*Nanoarchaeum equitans*）的直径仅为 350~500

纳米，在拉丁语中的意思是骑行的超级小矮人。这个单细胞生物的名称，可不是科学家随便乱想出来的，而是因为事实上，它真的骑在另一种被称为嗜热古生菌（*Ignicoccus hospitalis*，也称作火球）的单细胞生物的背上并一起在周围环境中活动。说到在环境中活动：运动能力可是生命的另一个特征，即使是乍看之下，静止的真菌和植物也不例外。

生命在不断演化

正如希腊人所说，万物流转。

生命不停地在提问。

所有的一切皆流动且相连，

生命终将找到自己的出路。

在过去的几百万年中，地球的面貌发生了多次变化，随之而来的是生存环境的改变。有时炎热，有时寒冷；有时物质充裕，有时又物质匮乏。但是，生命从未被击倒，总是能够适应新的环境。为此生命必须不断演化，而这种持续演化的能力是生命的又一个特征。即便一个细胞也可以独立存活，但只有与其他细胞结合在一起，它才能发展出承担新任务的能力。我们可以将多细胞生物（如真菌、植物和动物）的发展过程想象成建造一座房子：如果我们正确地将砖块砌在一起，就可以建成一座房子。完工后的房子可以承担全新的功能。同样的，多细胞生物也是由单细胞构成，所以多细胞生物不仅比单细胞生物的细胞数量多，它们会的也比较多。就像一座房

森林不寂静 | 动植物如何交流

子一样，多细胞生物的各个部分都有组织和结构原则。一座房子被划分为不同的房间，每个房间的布置都用于特定的任务，比如厨房用于烹饪食物。当生命从海洋爬上陆地时，新的生存环境对生物提出了新的要求，比如需要专门负责水分传输的组织。

4. 一个充满信息的世界

接下来我们来谈谈生物交流的第二部分，也就是：什么是交流？在我的研究过程以及与其他领域科学家的交流中，我接触到了许多关于交流的定义和理论模型。毫无疑问，仅仅回答这个问题的答案就可以写满本书的剩余篇幅，因为交流本身就涵盖了无数方面。如果我们询问一位心理学家，他可能会给出与计算机科学家或传播学专家完全不同的答案。即便是生物学家，关于何时一个生物与另一个生物真正进行交流的课题也仍在持续讨论中。

数据如何转化为信息？

"生物交流"这个词表示生物之间主动的信息传递——到目前为止一切都很好。这里涉及两个新的问题：到底什么是信息？生物如何主动发送信息？尽管这两个问题乍一看似乎很简单，但事实上"信息"一词颇具深意，这个话题引发了我与两位数据库程序员之间长时间的讨论。当一个人解读数据时，这些数据变成了对他有用的信息。当然，解读数据的前提是需要对数据进行感知。

这时，接收站（即受体）就起到了关键作用。阅读报纸这件事可以很好地解释数据和信息之间的区别：只有当你阅读报纸时，才能感知其中的数据，包括字母、词语和完整的句子。如果你正确解读这些数据，就能理解报纸所传递的信息内容。前提是你与编写这份报纸的人使用的是同一种语言。细菌、真菌、植物和动物在其生活环境中也时刻被数据所包围。森林、湖泊或草地的数据来自其组成部分的特性。除了生物，水、石头或阳光等无生命的事物也是其中的一部分。每个组成部分都具有可测量的特征，使它们彼此可进行区分。鸟类的外观、声音和气味与树木或石头都不同。因此，在自然界中，如颜色、形状、声音或气味这样的数据只有在生物通过它们的受体感知到时才成为信息。

信号——使用正确的号码建立连接

我们现在知道，生物需要拥有受体才能将数据转化为信息，在细胞内部也存在用于接收信息的受体。在本书中，我们仅关注细胞之间的交流，并从最小的"对话参与者"开始，比如细菌或草履虫这样独立生存的单细胞生物。

关于在交流中如何主动传输信息的问题，我们可以通过一个简单的模型来解释。在 20 世纪 40 年代，美国数学家克劳德·香农（Claude E.Shannon）和沃伦·韦弗（Warren Weaver）基于人类的电话交流开发了一个模型。发讯者通过电话发送器将要传输的数据转化为信号进行传送。一旦发讯者拨打收讯者的电话号码，并且收讯者的电话处于接收状态，那么信号就可以传输了。通过收讯者感知信号中所包含的数据，这些数据再次转化为信息[②]。如果一个生物想要向另一个生物主动发送信息，它可以将这些信息打包成一个信号，以提高传输效率。打包的意思是根据通信的目的将特定的

---

② 为了简化起见，下文将只使用"信息"一词，而不再使用"数据"。

信息组合在一起。通过这种方式就会产生各种不同的信号，例如面临危险时用于警示同类的信号。让我们通过一个例子来说明这个问题：当一只雄乌鸫（*Turdus merula*）感到性兴奋并试图吸引一只雌乌鸫跟它交配时，它会将这个信息打包成一种声音信号，称为求偶鸣叫。这种鸣叫由一系列特定的音高和音调组成。除了这种声音信号，雄乌鸫还会发送视觉信号，进一步强调其交配的意愿。这些视觉信号可以是特定的姿势或动作。在乌鸫的例子中，则是轻微摆动下垂的翅膀。乌鸫的生活环境中的光线、空气或水就成了传递这些信号的媒介。附近的雌乌鸫不仅能够通过它的耳朵和眼睛感知雄乌鸫发出的声音和视觉信号，还能理解这些信号所传递的信息内容，从而了解雄乌鸫希望与其交配的动机。现在轮到雌乌鸫对这些信号做出回应，回答雄鸟"你愿意和我在一起吗"的请求，它可以选择"好""不要"或"再等等看"。

根据香农－韦弗通信模型的定义，以上是一种通信过程。发讯者（左侧的雄乌鸫）通过它的传输器经由通道发送信号（求偶鸣叫）给收讯者（右侧的雌乌鸫）。收讯者可以通过接收器来解读被打包在信号里的信息。

到底为什么要交流？

那这只雌乌鸫是如何知道那些"大声叫喊"和"抖动翅膀"的信号是针对自己的，以及这种表演意味着有只雄乌鸫希望与它交配呢？当涉及繁衍这样的事情，对于沟通信号的辨识和解读通常是天生的。相同的信息序列也是乌鸫的父母用来传达繁衍信息的信号，再上一代、再上上一代也是如此。当然，许多信号的意义也可以通过观察父母和兄弟姐妹，模仿并从中学习来确定哪些对于自身的交流是重要的信号。这种通过世世代代形成的交流信号，可以通过发讯者和收讯者之间相互获益的信息交流来解释。主动发送信息对发讯者来说需要付出努力，收讯者对这些信息的回应也需要消耗资源。只有当发讯者和收讯者都能从沟通的结果中获益时，这种努力才是有意义的。根据信息接收对象的不同，自然界中可能存在各种不同的交流动机。只有在交流的结果对发讯者和收讯者都有益时，才能达到双赢的局面。在亲缘关系密切的生物之间，如亲代和子代之间，发讯者和收讯者具有相同交流目的的可能性特别大，会相互交换真实的信息以获取共同利益。但是，当发讯者和收讯者在沟通结果上有不同的利益时，在自然界中经常会发生发送虚假信息的情况。因此，信号可能包含与发讯者实际特征不符的信息，例如让发讯者显得比实际更大。正如我们在后面将更详细了解到的，在不同性别之间就存在这种利益冲突。雄性通常追求数量，而雌性更注重质量。

窃听和防窃听通道

让我们再次回到乌鸫的例子。雄乌鸫和雌乌鸫之间的"对话"并非发生在一个私密的场所，而是在它们生活环境中的公共频道上进行的。在这个生活环境中，还有许多其他生物，它们通过受体也能感知周围的环境。例如，一只猫通过自己的受体能听到乌鸦的鸣叫，因此可以窃听它们的交流。然而，对猫来说，它对于一只雄乌鸦的求偶鸣叫的理解，是跟雌乌鸦不同的，它所接收到的信息意味着："这里有一顿容易捕获的晚餐！"通过窃听鸟类的交流，猫获得了对自己有利的信息。获得猎物位置信息后，猫悄无声息地接近乌鸦。在最糟糕的情况下，乌鸦之间的交流可能以猫的袭击而结束，导致它们最终丧命。如果乌鸦察觉到攻击者，它们会接收到一条信息，内容是"猫来了"，这对鸟类来说是一个警示信号。雄乌鸦可能会发出一种与求偶叫声明显不同的警报叫声，其音高和频率会有所变化。雌乌鸦也会将这种声音识别为"停止玩乐，危险来临"，并紧急避险。对于猫来说，这个警报声传达了另一层含义——自己的存在已被察觉到。许多猎物都清楚，公开传达的信息可能会被它们的掠食者利用，用以对它们进行攻击。因此，它们在此基础上发展了更安全的交流信号，并通过私密渠道进行传递。例如，许多昆虫会利用紫外线范围内的光学信号与同类进行交流。由于它们的掠食者缺乏相应的受体，往往无法察觉到这些信号的存在。

故事开始了！

正如你所看到的，所有生物就像森林中的居民一样，都会发送和接收信息，并以各种方式相互交流。其中最为有趣的是，生物如何解读所接收到的信息并做出相应的回应。本书中包含了一些关于自然界中这种信息网络的故事，这些故事深深地吸引着我，并且我很愿意与你们分享。在本书的第一部分，我将为你们简要介绍生物是如何发送和接收信息的。例如，植物是否能听到声音，真菌是否能看到东西。在第二部分，我们将了解自然界中陆地、水里或空中的信息发讯者和收讯者。我们将逐一拜访单细胞生物、真菌、植物和动物，并回答以下问题：究竟是谁与谁在交换信息？为什么要进行信息交流？其中包括了真菌和植物之间的真诚友谊，还有喜欢窥视的腺毛虫或说谎的鱼。在第三部分，我将讲述法兰克福城市野兔背后的故事，以及自然界的信息网络如何与生物的环境相互作用。结束旅程后，你可以自由决定，如何将你对生物交流的见解和知识融入日常生活中。我们作为人类，同为生命的一分子，因此在这趟旅途中可能会超出我们目前的预期，发现更多与我们自身相关的相似之处。也许当你在日常生活中遇到与同类之间的信息交流局限时，了解自然界中的交流方式会对你有所帮助，就像我小时候读到的童话里的英雄一样。祝你在旅程中享受到乐趣，体验众多令人惊叹的时刻。

第一部分

———

信息是如何进行交换的？

———

第一章　生命正在发出信息

生物发送的信息究竟是什么？而信息在单细胞生物、真菌、植物和动物之间是否存在差异？本章所探讨的就是这些问题。我敢打赌，你一定会对生命交流方式的多样性感到惊讶。让我们从显而易见的问题开始——视觉信息。

1. 这里的一切五彩缤纷

我们的世界充满了视觉信息，因此生物也会利用颜色、形状和动作等视觉信息进行交流——从毒蝇伞的红白配色到兰花的花朵形状，再到鸟类的求偶舞。所有这些视觉信息既可以用于同一物种之间的交流，也可以用于不同物种之间的交流。

视觉信息是一种经济实惠的交流方式

只要发讯者和收讯者能够相互看见，就可以迅速通过视觉信息进行交流，并且信息丢失非常少。不过，作为一种交流工具，颜色和形状的可变性相对较低。人类可以通过染发、化妆或更换衣服，每天传递着不同的视觉信息。但是，除了变色龙和枪乌贼[①] 等少数生物，大多数生物都无法做到这一点。说到形状，像火鸡的喉头这样"可充气"的身体部位则是一个例外。

像动物这样的生物，因为它们可以移动，在视觉沟通方面仍然能够充分发挥自己的优势。各种形式的运动便是视觉信息中的"灵活部分"，因为发讯者可以在极短的时间内根据不断变化的交流情境，来调整其视觉信息。这一点在快速变化的环境中尤为重要，比如当一个生物被许多其他同类包围时，它必须根据每个同伴的个体需求来调整所发送的信息类型。沟通中的动作包括昆虫、鸟类或鱼类所展示的各种舞蹈。雄三刺鱼（*Gasterosteus aculeatus*）的锯齿形求偶舞可以说是动物界最著名的表演之一。但是，在交流中如此大量的身体运动也要付出代价：越是高强度的运动，越会消耗更多能量。可是，并非所有的信息传递都需要一场完美的舞台表演。

因此，在许多动物（包括人类）中，面部表情在交流中扮演着非常重要的角色。比如，我们常会"会心一笑"，或者"不动声色"。群居的哺乳动物拥有丰富多样的"面部表情"，例如狼和猴子，它们的面部表情都是彼此间重要的交流工具。

无论如何，只有在发讯者和收讯者能够相互看见的情况下，才

---

① 俗称鱿鱼。

有可能传递如颜色、形状和动作的视觉信息。依据栖息地和生物种类的不同，视野范围很快就会到达极限，因此视觉信息并不适合长距离传输。在森林中，树木会成为无法逾越的屏障，无情地干扰着信息传递。即使是雄鸟最华丽的羽毛和最优雅的求偶舞蹈，如果雌鸟无法看到，那些信息也就无法传递到它的收讯者那里。

鱼类有不同颜色和斑纹的例子。左侧：在繁殖季节，索氏丽体鱼（*Cichlasoma salvini*）展示出特别鲜艳的色彩。中间：雌绿剑尾鱼（*Xiphophorus hellerii*），这些备受欢迎的水族馆鱼类在繁殖过程中会呈现出红色的基底色。右侧：双黑带姥丽鱼（*Vieja bifasciata*）代表了一种身体侧面呈现典型深色斑纹的鱼类。

视觉信息的传输渠道——电磁能

视觉信息是通过光来传递的。究竟是什么光呢？乍一看，这个问题似乎简单明了，很容易回答。然而，这个问题实际上非常复杂，即使对于像我这样的生物学家来说也是一个棘手的难题。哈拉德·莱施（Harald Lesch）是德国慕尼黑大学的理论天体物理学教授，他主持了一个科学频道——阿尔法半人马座。在一期名为《光是什么？》的节目中，他给出了简洁而精确的解释：光必须极其迅速。它像波一样运动，其能量取决于波长的不同。

一般当人们提到光时，通常指的是我们看见的日光。在地球上，这种可见光的主要来源是太阳。可见光包含了我们所熟知的各种颜色的波长。每种颜色具有不同的能量含量，取决于它们的波长范围：从紫色到蓝色再到橙色和红色，电磁能含量逐渐减少。这种能量形式也被称为电磁辐射，它存在于我们身边的各个角落。电磁辐射涵盖了广泛的能量范围，我们所能看到的范围只是整个光谱中的一部分。例如，紫外线辐射（简称紫外线），位于我们能看到的紫色光外侧，所以超出了我们的视觉范围。而在可见光的另一端，也就是红色的尽头，是能量较低的红外线无线电波和微波。

捕获光线的色素

蒽醌、花青素、类胡萝卜素、甜菜红素或黑色素——这些听起来像是一系列别出心裁的生物名字，实际上却是自然界中的色素。它们也是"为什么真菌、植物和动物五颜六色"的答案。这些色素通常停留在生物体表面，如皮肤、毛发或羽毛上。当色素与光的波长相同时，它们便可以吸收光线，换句话说就是捕获光线。"相同的波长"用一个词来概括就是共振。色素的结构决定了它们能够捕获并与之共振的电磁辐射范围。有趣的是，决定颜色的并不是被色素所吸收的能量！实际上，决定颜色的是那些色素无法吸收的辐射成分。对于那些未被吸收的光线成分会发生什么呢？它们会被色素送回去，或者用物理术语来说，被反射回去。恰恰正是这些被反射的光的波长范围赋予了"物质"颜色。三色堇花朵中明亮的蓝色和紫色，就是花青素这一色素的一个绝佳例子。它反射了可见光能量含量中的蓝色、紫色或红色。相反的，胡萝卜素则是反射了能量范围中的黄色、橙色和红色。当可见光所有的能量范围都被吸收时，那么生物看起来就是全黑。黑色的表面会"吞噬"可见光范围内的电磁辐射。而白色的表面则恰恰相反：它会反射所有入射的可见光。举个例子，白色的花朵之所以呈现白色，是因为它没有任何可以吸收电磁辐射的色素。或者换句话说，在白色的表面上，大部分光线都会再次被反射出去。

当谈到大自然中的美丽色彩时，色素只是其中的一部分。生物体表面的特性同样决定了它能够吸收或反射多少光线。许多花朵都有微小的液泡，可以将射入液泡的光反射出去。其中一个特别美丽的例子，就是白睡莲（*Nymphaea alba*）。它分布在勃兰登堡州众多的湖泊中，从远处看宛如画家在水面上绘制的一幅画作。为什么白睡莲能展现连专业的清洁剂也望尘莫及的耀眼白色？除了缺乏色素，白睡莲的花瓣组织中还含有水分，并形成了微小的气泡。当光照射到花瓣上时，必须穿过这些水汽层，并在途中不断地被阻断。这种阻断反复发生，直到入射的光线被完全反射。因此，花朵呈现出了通体雪白的颜色。这种完全反射光线的现象在雪景中也能观察到。新落的雪因为雪晶体多次阻断光线，所以呈现出明亮的白色。这种光线阻断的结果就是光完全被反射。动物表皮的结构也可能为它们带来令人惊叹的"闪闪发光的效果"。孔雀的羽毛或甲虫表面上微小的结构会以一种特殊的方式阻断光线，使它们看起来闪耀夺目。

开灯、关灯：生物发光

在没有光线或只有很少光线的生活环境中，视觉信息传输又是如何实现的呢？许多生活在深海和洞穴中的生物，干脆自己成了光源。在新西兰的怀托摩萤火虫洞中，我亲眼看到过一种特殊的动物交流形式：生物发光。生物发光是指一种生物通过化学反应释放能量，并将此能量以光的形式发出。从微生物、真菌再到鱼类，有许多生物具有生物发光的能力，它们就像有一个开关一样迅速地开灯、关灯。而有些生物（如深海鮟鱇）就很善于借助于这种神奇的发光能力。它们自身无法进行必要的化学反应，而是依靠能够生物发光的细菌作为共生伙伴。前面提到的怀托摩萤火虫洞中那些闪烁的生物，则不需要任何共生伙伴。与其名字所指的不同，它们虽然被叫作萤火虫，其实是小真菌蚋（*Arachnocampa luminosa*）的幼虫，它们散发出的微光使得漆黑的洞顶犹如星空般闪耀。

2. 大自然的交响乐团

鸟鸣声、咔嗒声、咆哮声——现在让我们从视觉信息转向听觉信息。大自然中的声音简直可以与音乐演奏相媲美。就像在交响乐团中一样，大自然中的不同生物通过使不同材料发生振动来产生声音。从"小提琴手"到"鼓手"再到"吹奏者"，请你聆听它们的声音吧！

听觉信息——信号中的长跑运动员

声音信息的优势在于发讯者无须看到收讯者即可进行信息交流。某些生物能够发出极为响亮的叫声，甚至在数千米外都可以被听到。雄吼猴的叫声就是一个很好的例子。它的名字也真是名副其实，因为它可以通过硕大的喉结和舌头下的特殊骨骼发出非常响亮的叫声，能够在丛林中数千米内回荡。我在墨西哥田野调查期间，曾亲耳听到过这些"咆哮者"发出的声音。只是，这种交流方式的缺点是能量消耗高。每天经常使用声音的人都知道，发出声音是多么辛苦。一般需要肌肉的收缩来产生声音，例如声带的振动，发讯者必须首先具备所需的能量。而发出巨大声音也并非毫无风险，尤其是当发讯者处于食物链底端，是许多其他生物钟爱的猎物时。一些掠食者正悄悄等着，它们的猎物会因为发出过于频繁的声音而暴露自己的位置。这种交流方式的另一个缺点是持续时间短暂，刚刚发送出去的警告或求偶呼唤很快就会消失。可能在雄吼猴发出的"这里有个想要找对象的雄吼猴"的声音信息已经消失的时候，雌吼猴才到达这个地区。在听觉信息的传输中有一个关键问题，就是发讯者和收讯者的实际位置。随着它们之间距离的增加，时间延迟也会增加，从而导致沟通中的干扰可能性增加。尤其是高音，例如鸟类在清晨的合唱中使用的声音，很快就会消失在周围环境的噪声中。可是，听觉信息极为短暂的特点，也使其成为一种非常灵活的交流手段，可以适用于不同的情况。一种叫声上一秒可能在吸引雌性的注意，而下一秒就变成驱赶入侵者。在鸟类和许多哺乳动物（如鲸和海豚）之中，声音信息形式丰富多样，能够呈现出包含各种音节和旋律的完整"歌曲"。

为什么在太空中没有爆炸声？

现在我们来探讨一下什么是听觉信息，以及它们是如何从发讯者传递给收讯者的。首先，让我们进行一个简短的回顾：在科幻电影《星球大战》第一部中，伴随着巨大的爆炸声，一个空间站在太空中轰然爆炸。起初，观众可能对这个场景没有太多的疑问。但当我们开始进行以下物理思考时，结论可能会有所不同：声音是一种机械振动，以波的形式在介质（如空气、水和固体）中传播。与光不同，声音并不是一种电磁能量形式，而是物质粒子振动的结果。这些物质粒子不一定是固体，气体或液体也可以作为声源。尽管用强大的激光武器攻击空间站，肯定会使空间站产生振动，但在电影场景中缺少一个重要的因素：机械振动会引起所在环境的压力和密度变化，使"某物"振动。只有当存在介质时，这些振动才能作为声波继续传播。可是，太空是真空，缺乏必要的介质来传播振动。回想一下发讯者－收讯者模型，太空中所缺乏的介质就是造成听觉信息没有传输渠道的原因。

掌握正确音调的技巧

当我们谈到声音时，指的是人类能听到的所有音调、声响或杂音。我们可以感知频率在 20~20 000 赫兹的声源。这具体意味着什么呢？单位赫兹是指每秒所振动的次数，也称为频率。举例来说，当我们拨动吉他琴弦时，它开始振动。琴弦振动得越快，每秒的振动次数就越多，产生的音调就越高。当声源的振动均匀且周期性地重复时，叫作音调。

可是，我们所能听到的声音频率范围并不是声源发出声音的极限。有些声源会发出低于 20 赫兹的次声波，而超过 20 000 赫兹的超声波则超出了我们的听觉范围。例如，蝙蝠就可以发出和感知这样的超高音调。如同音调由振动次数决定，声音的大小则取决于振动的强度，也就是振幅。随着振动的幅度增大，声音也会变得更响亮。声音传播的速度则取决于介质的属性，例如温度和密度。声波可以以 3 800 米 / 秒的速度穿过橡木，而在水中的速度会减慢到 1 450 米 / 秒，在 0 ℃ 的空气中的速度甚至会减慢到 332 米 / 秒。

而单位分贝则用来表示声音的强度。现在，关于理论已经说得足够多了。让我们来沉浸在大自然独有的交响乐中吧，只可惜我们的耳朵无法完全欣赏到其中的美妙！

为什么植物的根部会发出"咔嗒"声？

机械振动会引起细胞各个组成部分的运动。当许多细胞以相同的频率运动时，它们可以产生共鸣，像合唱团一样共同产生更大的声音，甚至原生生物（如细菌）也能利用声波来刺激邻近细胞的生长。关于生物发出的声音到底是用于交流，还是仅仅是日常生长过程的副产物，这对于科学家来说仍然是一个谜。在植物中也存在各种各样的声源，比如木质部导管。尤其是在那些需水不多的植物中，它们的木质部导管内通常会存在气泡。当这些气泡破裂时，会发出轻微的爆裂声。澳大利亚和意大利的科学家曾探索（并且仍在研究）绿色生物的神秘世界，寻找证据，以证明植物也会主动发送听觉信息，与其他生物进行交流。事实上，他们的研究真的取得了成果。他们在新生的玉米（*Zea mays*）植株的根部发现了频率为 220 赫兹的咔嗒声。这个频率恰好与植物根部在生长过程中朝向的声源的音调相匹配。多年来，人们已经知道植物对不同音调的声波会做出反应。黄瓜（*Cucumis sativus*）和水稻（*Oryza sativa*）的种子在接受大约 50 赫兹的声波刺激后，发芽率更高，并且在成长为植物幼苗后，50 赫兹的声波刺激也会使其根部加速生长。甚至豌豆植物（*Pisum sativum*）也会对流水声做出反应。玉米植物根部发出的咔嗒声是偶然事件还是真正的交流信号呢？让我们期待植物研究者的进一步研究发现吧！

昆虫用它们的腿和翅膀"演奏"

现在，让我们从植物转向动物。与交响乐团类似，动物界中也有各种可以产生声音的乐器。其基本原理相同：通过敲击、吹气或拨动，使薄膜、气柱或弦产生振动，从而产生声音。在自然界中，听觉信息也是按照相同的原理发送的——就像对于小提琴手来说，琴和弓是他们的乐器，而对于许多昆虫来说，腿和翅膀就是它们的乐器。蝗虫会通过它的摩擦发声器官产生独特的声音。这个器官由音锉和刮器组成。刮器位于蝗虫的后腿内侧，类似于一排排锯齿。在温暖的夏夜里，蝗虫的刮器与翅膀上的音锉相互摩擦时，便会发出尖锐刺耳的声音。无论是雄蝗虫还是雌蝗虫都能通过这种方式发出声音，但对于蟋蟀来说，"演奏"则纯粹是雄性的专属。在蟋蟀身上也有类似的音锉和刮器，不过它们位于无法飞行的前翅上。通过摩擦发声器官，昆虫可以发出超声波范围的音调，其频率超过了20 000赫兹，这远比任何小提琴手的演奏速度都还要快！然而，有些动物不需要摩擦发声器官也能产生声音：西方蜜蜂（*Apis mellifera*）、甲虫或鸟类仅凭翅膀拍动就能产生声波。例如，最小的蚊子的翅膀每秒拍动1 000次，能够直接刺激人类的听觉神经。

青蛙属于管乐器演奏者

温暖的夏夜不仅有许多昆虫的嗡鸣声，青蛙的呱呱声也回响在空中。其中的原理简单而精巧，最适合归类到乐团的管乐器。从物理学角度来看，单簧管或巴松管的空气柱通过位于吹口处相邻的簧片产生共振。许多脊椎动物（如鸟类和哺乳动物）的声带也承担着类似的任务：呼出的气流使这些弹性带状组织产生振动，进而使空气介质产生振动。声带越是紧绷，振动就越快，产生的音调也就越高。与鸟类和哺乳动物相比，较小的青蛙仅靠声带的振动还不足以将声音传递到远处。青蛙头上的袋状声囊充当了放大器的作用，使青蛙的叫声能够达到足够的音量。

借助这一声音系统，水蛙、池塘蛙或海蛙求偶时可以产生高达65~90分贝的音量。这大致相当于一台压缩空气钻机的音量。接下来，让我们来看看大自然乐团中的另一种声音嘹亮的乐器——打击乐器。

从鼓手蜘蛛和野兔开始

我们先从那些通过振动膜片来发出声音的击鼓动物开始。有些昆虫，如蝉和一些蝴蝶，在它们的腹部有由所谓的唱片组成的鼓膜器官。这里说的唱片与古老的黑胶唱片无关，而是由天然物质几丁质构成的音板。那么，蝉是如何利用这样坚硬的唱片发出声音的呢？这些唱片由坚硬但可移动的支柱构成。一旦相邻的肌肉收缩和放松，支柱便开始运动，发出敲击声。在蝉的鼓膜器官下方有一个充满空气的气囊，会进一步增强音量。这些鼓膜器官的工作原理有点儿像我们用手部肌肉用力压住金属罐子。一旦松手，金属罐子会发出巨响，凹陷的部分迅速回弹。例如，螇蚰[②]（*Platypleura capitata*）每秒可能发出高达 390 次的敲击声。蜘蛛虽然没有鼓膜结构，却也能找到方法，它只需用八只脚中的一只敲击地面，就能打出"节拍"。巨型蟹蛛会利用整个身体使其下方的叶子摆动，从而发出声音。野兔等哺乳动物在传播声音时也会全身心投入，它们可以

---

② 一种小型的蝉。

说是真正的"鼓乐专家"。当危险来临时，它们会用有力的后腿敲击地面，产生的声波会深入地底，给予同类信号，告诉它们不要离开安全的洞穴。响尾蛇在敲击和打击乐器方面的表现也非常出色，在它的尾巴末端有相互嵌套的角质化鳞片，当两个鳞片相互摩擦时会发出特有的声响。

接下来，让我们来介绍大自然乐团中的下一位乐手——鲂鮄[3]。与这个名称所暗示的不同，它指的并非情绪烦躁的雄鸟，而是一种鱼类。这种鱼类家族生活在海底，它们能够通过多种"乐器"发出咕噜咕噜的声音。它们不仅会互相摩擦坚硬的鳃盖，还会收紧鱼鳔的肌肉，通过这种方式将空气从鱼鳔中挤出。这种气体又会产生声波，而这也是其他鱼类产生声音的原理。鱼类发出的大多数声音通常具有节奏，正是在这种节奏中蕴含了它们的信息内容。由于在水中声音传播速度和传播方式都与在陆地上不同，所以大多数鱼类很难区分声音的音量。

下面，让我们来继续探索水下世界，这里生活着可能是自然界中声音最响亮的"音乐家"，或者更确切的说法应该是一位"枪手"。

以爆炸声结束

枪虾（*Alpheus heterochaelis*），又名卡达虾，生活在热带和亚热带的浅水域中。这种属于甲壳动物的虾虽然只有 5 厘米长，但在水下制造的噪声可以达到 210 分贝，与抹香鲸的声音大小不相上下！一只小虾是如何制造出对抗大鲸的声音呢? 秘密就在枪虾巨大的钳子中。不论是雄枪虾还是雌枪虾，它们都有一对一大一小的钳子，

---

[3] 译者注：鲂鮄的德语单词字面直译为唠叨公鸡。

最长可达 2.5 厘米。这对巨大的钳子中，一只呈凹陷状，另一只形似活塞。通过强有力的肌肉收缩，活塞状的钳子一侧会向侧面移动，并在张开时承受巨大的张力。这种张力极大，当"活塞"快速回弹进入"凹槽"时，会产生强劲的水流和典型的虾类爆破声响。可是，这种能与美国国家航空航天局（NASA）向土星发射火箭的爆破声相抗衡的巨大声响，并不是由硬壳钳子的碰撞产生的。在水下产生如此强大的压力波需要更多的能量。当虾类钳子中的水流迅速流动时，压力发生变化，形成了一个被称为空化泡的气泡。枪虾使它钳子中的盐水或多或少地蒸发掉。只有在压力减小时，空化泡爆炸才会产生令人惊叹的 210 分贝声响。这些爆破声不仅仅是为了通过产生的压力波来撕碎像蠕虫或小鱼这样的猎物，枪虾的钳子中还有能够感受到水流压力的内毛细胞。它的爆破声似乎也是向对手发出的警告，因为这些小虾在保卫领地时并不手软，直接将钳子夹在对手的甲壳上，可能会带来灾难性的后果！

　　枪虾（*Alpheus heterochaelis*）属于甲壳动物，拥有一对一大一小的钳子，可以在水下发出响亮的爆破声。

3. 世界的芬芳

现在，让我们进入化学信息的领域，探索自然界中最古老的交流方式。在这个不可思议的交流世界中，我们会了解分泌物、香腺和沟厕，并与那些通过化学信息影响同类行为的生物相遇。自然界的这种信息形式十分有趣，我们对生物如何有目的地利用化学信息进行交流还了解太少——包括对人类自己。

化学信息——持久的信号

使用化学信息进行交流的优势在于其传播范围较大，因此气味非常适合在长距离中传递信息。与听觉信息相比，化学信息的产生更方便，也更持久。就像香水一样，即使发讯者离开了几小时，香味仍然会弥漫在空气中。然而，它们并不是最快的传播方式，仍然需要一些时间才能从发讯者传递到收讯者那里。化学信息的挥发性越高，它们被风吹走的速度就越快，并且可以通过空气或水等渠道扩散得越远。动物或植物通过分泌物的形式释放化学物质，这些化学物质形成于特定的单个细胞或细胞团中，即腺体。这些腺体有的位于身体内部，因此是在体内释放分泌物；而有的位于体表的腺体（如腺毛），则直接将分泌物释放到体外。作为重要的化学交流工具，这些向外释放的分泌物可能以气态香气、液态花蜜或固态树脂的形式出现。例如，"打开吧，气味腺"可能是唤醒兰花或天南星科植物散发芳香的魔法咒语。气味腺是花朵上的特殊腺体，位于花瓣的表层细胞中，宛如小小的香水瓶，盛满了珍贵的花香，并释放到周围环境中。这些化学信息一旦释放出来，就开始寻找适合的收讯者，以影响它们的行为。当收讯者是同一物种的对象时，这些化学信息被称为信息素。当发讯者和收讯者不属于同一物种时，这些化学信息则被称为化感物质。例如，植物通过释放花香的化感物质来吸引昆虫进行授粉。

属于天南星科的泰坦魔芋（*Amorphophallus titanum*）在其花朵的表层细胞中具有特殊的香气腺体，被称为气味腺。

信息素与同种个体之间的交流

我们继续来探讨同种个体之间的交流，即信息素。即使是单细胞生物也能利用这种化学信息进行交流。例如，拉氏游仆虫（*Euplotes raikovi*）就是一个特别善于交流的例子，因为它能释放出 5 种以上不同的信息素。信息素也存在于真菌和植物中，并且与视觉信息一起扮演着重要的交流媒介角色。在昆虫中，最有名的信息素是蚕蛾性诱醇（简称蚕蛾醇）。它是由雌家蚕（*Bombyx mori*）等昆虫产生的，用于吸引数千米外的雄性个体进行交配。蚕蛾醇非常浓郁，只需一个分子就足以影响雄家蚕的行为。

需要注意的是，信息素与激素是不同的，它们之间存在一个重要区别：与信息素相反，激素是在生物体内起重要化学信息传递作用的物质。因此，类似睾酮或雌激素这样的性激素并非为了在外部世界引起同种个体的关注而产生的。这些化学信息物质负责在性繁殖的生物体中引发交配欲望，然后通过释放信息素来吸引合适的性伴侣。当性激素在动物体内发挥作用后，它们就通过粪便和尿液将其排出体外。这样，这些排泄物便开始在无意中漫游，并向外界传递关于它们主人的信息。

通过粪便和尿液进行交流

对于人类来说，我们希望尽快将粪便和尿液从视野中清除，并毫不在意地将其送入污水系统。但在自然界中，对许多生物而言，粪便和尿液却是最主要的交流方式。作为新陈代谢的副产物，液体和固体的排泄物是动物之间成本最低且最"私人"的交流方式，尤其是哺乳动物会通过排泄物发送信息。例如，对野兔或獾的研究表明，它们的粪便和尿液中含有信息物质，这些物质携带有关每只动物年龄、性别或求偶意愿等个体信息。造成这种个体信息泄露的原因之一是个体特有的气味物质，这些物质由不同的腺体产生，并混入粪便或尿液中。排泄物的颜色、气味和数量也泄露了关于其主人健康状况的线索。尿液是脊椎动物通过肾脏清洁血液后的最终产物。肾脏就像身体的过滤器一样，将血液中不需要的物质过滤掉，例如老化的血细胞和毒素。尿液主要由溶解在水中的体内废物组成，这些废物通过尿道从肾脏排泄到输尿管，然后收集在膀胱中。当尿液积聚到一定程度时，会激活压力传感器，引发迫切的排尿需求。肾脏还负责维持体内水平衡，并依据水分含量不同决定要将多少尿液排出体外。而粪便是消化道的最终产物，主要由肠黏膜细胞、未消化的食物残渣以及肠道细菌及其发酵和腐败产物组成。在人类身上，从胃到肠道再到排泄物，消化系统的正常运行也是身体健康的指标。

沟厕—— 一种"有效的交流方式"？

对于许多群居的哺乳动物（如獾、兔子或猴子），粪便和尿液作为一种交流手段起着非常重要的作用，以致它们不会随处排泄。通过同类动物反复和有规律地使用同一"厕所"，会逐渐形成粪便堆积，俗称排泄物堆。这些被称为沟厕的粪便和尿液集中地，从交流的角度来看具有两个关键优势：它们很显眼，并且聚集了其他同类的气味。因此，对于许多哺乳动物而言，这些小区域在交流中扮演着非常重要的角色，类似于人类使用的社交媒体。例如，欧洲野兔（*Oryctolagus cuniculus*）在群体中会通过这些区域交流信息，包括谁正在寻找交配对象，以及群体中谁是最高级别的雄兔或雌兔。如果排泄物是新鲜的，那么代表上一位使用者可能就在不久前到过这里，并且仍然在附近。视觉和嗅觉的结合进一步增强了作为沟通媒介的沟厕的信息传达能力。随着沟厕的频繁使用，这两个因素的重要性也越加突出。也许这对于那些经常清理宠物狗粪便的人来说是个小小的安慰：还有更糟糕的! 羚羊或犀牛使用的沟厕直径可以达到数米。

广告牌和动物厕所有什么共同之处？

虽然人类更倾向于在自然环境中找一个隐蔽的地方如厕，但是一些动物物种（如兔子、獾或猴子），会选择特别醒目的位置作为它们的沟厕。它们的"业务中心"通常位于地势较高和较显眼的地点，或者位于开放道路的交叉口。从高处眺望可以提供良好的视野，这也是沼泽棉尾兔（*Sylvilagus aquaticus*）选择在树干上建立沟厕的原因之一。选择显眼的地点建立沟厕的好处在于它们的可见性较高。为了使交流中心发挥作用，它们必须位于同类能够找到的地方。我们可以将这些沟厕想象成景区中的广告牌，它们需要被放置在具有战略性优势的位置，以便将信息传递给人们。因此，"厕所在哪里？"这个问题根本不应该出现，因为它的位置应该非常醒目。

北美蓬尾浣熊（*Bassariscus astutus*）会选择特别显眼的地方作为它的沟厕。这种动物经常出现在墨西哥城的公园里，它们将沟厕设置在蓝色的水管上，非常引人注目。显然，吸引北美蓬尾浣熊将沟厕设置在管道上的原因不仅仅是醒目的蓝色。这些高高的管道为动物提供了一个安静的地方，在那里它们可以远离墨西哥城的喧嚣，安全地如厕。但显眼的沟厕的缺点是它可能很快就变成一个"死气沉沉的地方"。使用这样的沟厕也总是使野兔等受欢迎的猎物面临着将自己暴露在天敌面前的风险。野兔会权衡使用沟厕的风险与成为掠食者食物之间的关系：如果被猛禽或狐狸捕食的风险很高，兔子就会更倾向于在附近有保护性植被的区域或自己的洞穴附近设置沟厕。

第二章　生命的接收器

　　从单细胞生物到植物和动物，所有的生物都配备了自己的"接收器"。只有借助这些所谓的受体，生物才能感知其生活环境的特征信息。这些受体还使生物之间能够交换信息，从而实现了生物间的交流。对于简单结构的生物而言，受体可能只由一个或几个细胞组成。而脊椎动物的受体则由数千个细胞组成，形成完整的感觉器官（如眼睛或耳朵），在信息接收方面表现出惊人的能力。

没有受体就没有信息

　　受体可以从不同的方向接收信息：有"向内"的受体，它们收集关于生物内部过程的信息。这些内部受体对于压力非常敏感，比如细胞内的水压或血管内的血压。因此，多亏了我们的胃和膀胱周围的受体，我们能够感知何时该停止进食或上厕所。当涉及从外部环境获取信息以及与其他生物进行交流时，就需要外部受体。一个生物拥有的外部受体越多，它就越能详细地感知其周围环境。即使是像细菌这样只由一个细胞组成的生物，也可以与其生活环境直接接触。它们的受体位于细胞表面，并直接融入细胞的外部边界。这些外部受体对光、压力或化学物质已经非常敏感。像草履虫这样的单细胞生物就是一个很好的例子，它展示了一个非常简单的有机体如何感知其周围环境并与之交换信息。

在本书的后面部分会更详细地介绍草履虫。目前我们只需知道它们是单细胞生物，生活在水中，并可以快速朝各个方向移动。它们之所以被称为草履虫，并非没有原因：例如，草履虫的代表——大草履虫（*Paramecium caudatum*），其细长椭圆的形状确实像一只草鞋，并且与大多数其他单细胞生物不同，我们甚至可以用肉眼看到它们。当有营养物质接近并与草履虫细胞表层的适应性受体结合时，这个单细胞生物就能根据这个信息朝着食物源的方向移动。相反，一旦草履虫察觉到周围环境存在危险，它则会迅速逃离。水中存在许多对草履虫不利的溶解物质，包括一定浓度的二氧化碳。草履虫细胞表面的化学物质受体不仅能够感知"有毒物质"，甚至还能感知草履虫天敌的化学信息。作为对这些信息的回应，草履虫会启动一系列生物化学反应，以迅速远离危险源。

借助于视觉、化学或力学信息的受体，真菌和植物可以在其环境中自如地生存，并以其独特的方式与其他生物接触——它们甚至无须移动！例如，当两株植物的根部接触到彼此时，这种接触会对它们的根表面产生压力。根细胞中对压力敏感的受体会感知这些接触，并做出反应——植物会快速朝着其他方向生长，以避免进入彼此的根系区域。

在包括人类在内的高级生物中，许多受体与"相似"的细胞组合在一起，并形成功能各异的感觉器官（如眼睛或耳朵）。例如，动物拥有专门用于沟通的细胞，它们不仅用于感知来自环境的信息，还能在身体内部传递信息。

受体与水坝有什么共同之处？

让我们回想一下香农和韦弗在导读中提到的发讯者 - 收讯者模型，当发讯者拨打正确的号码时，收讯者的电话就会响起，前提是所有的技术组件都正常工作，而且电话线路没有占线。同样的，细胞中的受体也会在适当的信息到达时发出信号。不过与电话不同的是，受体当然不会响。当受体接收到信息时，细胞会做出相应的回应并改变其位能。"位能"一词源自拉丁文 potentia，意思是力量或权力，代表着所有可用资源的总和。当适当的信息到达时，这种位能便提供了受体细胞改变的力量。

我们可以将其想象成一个水坝，在水坝的两侧水量不同。如果没有水坝，水将以全部力量从堤坝的一侧流向另一侧。人类会利用水坝来获取能源：一旦积蓄的水可以自由流动，其能量就会释放出来——也就是其储存的位能。因此，重新利用泵站将水再次蓄积起来也需要耗费大量的能量。

现在，将我们对水坝系统的比喻应用到生物的受体上。细胞的外部边界就像一座水坝：它形成了细胞内部和细胞外部，且不同物质间不可穿透。在细胞内部和细胞外部之间，存在不同数量的化学物质。此外，细胞边界还将带电的粒子相互隔开。这里有带正电荷的粒子，也有带负电荷的粒子——可以称为乐观者和悲观者。这些电荷就像水坝中的水一样被"积聚"起来。当一个受体细胞处于非活跃状态，不参与信息接收时，则大多数的"乐观者"位于受体细胞的外侧。相反的，大多数的"悲观者"位于细胞的内侧。因此，外侧呈现超正电的氛围，而内侧则是悲观的负电氛围。细胞膜作为细胞内部和外部之间的边界，中间存在门。当这些细胞膜中的门打开时，带电粒子可以在细胞内外之间进行交换。那么，这些门什么时候会打开呢? 你可能已经猜到答案了：当电话响起的时候! 当一个适配的信息到达时，位于受体细胞膜上的门便会打开。这时，带电的粒子可以携带着它们的正电荷或负电荷流向另一侧。随着越来越多的适配信息到达受体，细胞内外的位能也会相应地改变。每个活细胞都有这种位能，但只有像动物的神经元细胞（简称神经元）这样可兴奋的细胞才能将位能变化以动作位能的形式进行长距离传递。

接收中心的接待员们

与真菌和植物不同，大多数动物更加活跃，经常会改变位置。它们需要快速适应新环境，并不断感知周围环境中的信息。你可能在日常生活中也有过类似的经验：当你外出时，感觉器官会接收到比在家里舒适地坐在沙发上几乎不动时更多的信息。因此，动物拥有独特的受体，能够帮助它们应对日常的信息洪流，并从中过滤出最重要的信息——神经元。

这些细胞专门负责接收、处理和传递信息。因此，在神经元的一侧有一个"收件箱"——树突，通过细胞膜上的小指状突起接收信息。这些传入的信息也会改变细胞膜上的位能。随着越来越多的信息到达，更多的带电粒子可以进行位置交换。如果传入"收件箱"的信息被视为不重要，它们就不会到达神经元的"发件箱"。"发件箱"位于神经元的另一侧，也是细胞体的一个延伸部分。与树突不同，这个延伸部分更长，并被称为轴突。我们可以将轴突想象成电话线，将信息传递到另一个细胞的"收件箱"。在轴突的"发件箱"中，每次只能发送一条信息，或者不发送信息——神经元没有更多的传递选项。通过轴突传递信息的方式类似于摩斯密码。真正的信息隐藏在电信号的频率和间隔中，而不是在信号的强度中。只有当轴突细胞膜的门打开的时间足够长，几乎所有的带电粒子才能改变位置，从而实现轴突上的信息传递。当神经元的轴突发生完全的位能改变时，叫作行动位能。这时，细胞内部处于"积极状态"，而细胞外部则处于"消极状态"，或者换句话说，水不再被堵住，它的全部位能得以释放。门是否打开又取决于在树突的"收件箱"中有多少重要信息。因此，轴突的位能必须不断地重新恢复，以便再次用于信息传递。就像我们的水坝一样，这也需要由能量驱动的泵来实现。这样，电信号就可以沿着轴突进行传播。轴突的末端紧密接触着另一个神经元的树突，它们之间只有一个微小的间隙。化学信息将信息从轴突末端通过间隙传递给下一个神经元的树突。轴突发送的摩斯密码信号越频繁，传递的信息物质就越多，并且有更多的电荷载体可以在树突的细胞膜上交换位置。

神经元结合构成了神经系统

神经元通过彼此连接形成了神经系统。而且，显然这些神经系统也会通过直接或间接连接与身体中的其他细胞进行信息交流。

这些细胞包括能够对生物体产生影响的细胞（如肌肉细胞）。根据动物的发育阶段不同，神经元的数量和神经系统的大小也会有所不同。例如，海洋中的刺细胞动物是非常简单的生物，它们只有少数几个独立的神经元。它们的神经元连接形成了最简单的神经系统结构——神经网。在许多无脊椎动物中，例如蜗牛、昆虫或蜘蛛，它们的头部和腹部已经聚集了许多神经元。这些神经元聚集在头部，使它们能够拥有嗅觉、视觉和听觉。神经元最密集的区域就是神经系统的中枢所在。在脊椎动物中，中枢神经系统包括位于颅骨内的大脑和位于脊柱内的脊髓，它们得到了有效的保护。受体，位于生物体表面的信息接收系统，其本身并无法听到、看到或闻到。神经元将不同的信息"翻译"成统一的语言，并进一步传递。这时，大脑才能够将来自不同受体的所有信息相互关联起来，与记忆进行比较，并在必要时做出适当的行为反应。植物神经生物学作为一个相对年轻的研究领域，关注的问题是植物是否真的没有神经元，因此也就没有构建大脑的基础条件。但是，对电信号或多巴胺、血清素等化学信息的分析表明，即使没有真正的大脑存在，植物中也可能存在远超我们过去所认知的活动。

有用才存在：为什么洞穴鱼几乎看不见？

生物的目标是生存，所以交流的内容也关乎生死。如果一个生物想要与另一个生物交流，两者必须达成共鸣——也就是说，使用相同的"语言"进行交流。发讯者必须确保收讯者有适合接收所发送信息的硬件和软件。换句话说，如果你想给某人打电话，你需要知道收讯者的电话号码，而收讯者需要有一部电话。通过下面洞穴鱼的例子，我想要展示的是，栖息地对于是否能够"接通这个号码"有多么重要。

之前已经介绍过我在墨西哥丛林中的一个研究对象——大西洋玛丽鱼，这种鱼类既可以在洞外的日光条件下生活，也可以在黑暗的洞穴内生活。生活在洞穴外的雄大西洋玛丽鱼的鳍呈现出鲜艳的橙色，很容易与颜色较浅的雌性区别开来。而生活在洞穴中的同种鱼却没有这种色彩，这验证了那句谚语"夜晚万物皆灰色"。除了颜色的差异，生活在洞穴中的大西洋玛丽鱼的眼睛已经严重退化，功能受到限制。苍白的颜色和退化的眼睛让这种生活在洞穴中的鱼看起来像守护地下洞穴的幽灵。这是自然界中经济性的一个鲜明例子：不需要的东西就不会被制造，或者当环境条件改变时就会被淘汰。如果不需要使用可见光进行交流，为什么要浪费时间和能量来发展眼睛呢？就像我们居住的地方如果没有信号，购买昂贵的电话也就毫无意义。

生活在墨西哥石灰岩溶洞中的大西洋玛丽鱼（*Poecilia mexicana*），眼睛已经退化，就这样适应了黑暗中的生活。

1. 看着我的眼睛，亲爱的

在电影《卡萨布兰卡》中，里克（Rick）向他的心上人伊尔莎（Ilsa）轻声说出了那句著名的台词："看着我的眼睛，亲爱的。"如果里克是一个一丝不苟、缺乏浪漫情怀的生物学家，他可能会选择说："看着我的感光器官，亲爱的。"我怀疑这个请求对伊尔莎产生的浪漫效果可能会完全不同。动物的眼睛是感光器官，其核心是感光细胞。这些感光细胞是一种特殊的神经元，能够通过一种化学色素来捕捉光线。当色素的光照发生变化时，感光细胞的电位也会随之改变。如果色素对可见光有反应，那么这些感光细胞就被称为感光受体，也就是光接收器。不过，你最好还是亲自用眼睛看一看!

感光细胞捕获电磁能

最近在我乘坐火车时，"森林有眼"这个标题引起了我的注意，我的脑海中立刻浮现出奇幻小说中的情景：树木拥有眼睛，就像人类一样可以看见。通常，这样的神奇树木还表现出不同寻常的活动愿望，想要离开森林去探索周围的环境。我继续读下去，但仅仅读了三行我就停了下来：这篇文章写的并不是关于树木睁开眼睛在四处行走。相反，它讲述的是猎人越来越频繁地在森林中安装野外照相机，希望能够捕捉到狐狸、野猪甚至野猫的照片。所以，我们在森林里散步时不必担心会被树木偷偷观察——或者，也许会?

在某种程度上，植物在"视觉"方面处于领先地位，毕竟它们拥有许多用于接收光的受体。借助叶子或花朵中存在的化学色素，它们能够捕捉到广泛的电磁能。叶子之所以是绿色的，是因为其中的色素吸收了红色和蓝色范围的可见光，但不吸收绿色的波长范围。植物可以通过叶片中的感光细胞对接收到的信息做出反应。这些受体通过测量入射的电磁辐射来判断阳光的持续时间（或日照时间）。例如，一天中红光和蓝光的比例会发生变化。当太阳在早晨和傍晚低悬在天空时，会有更多的红光照射到地面上。而中午时分，当太阳达到最高点，其光线垂直射向地球时，蓝光的比例最大。当大量蓝光照射到植物的受体上时，植物会通过叶子的转动来遮挡光线。当然，光照的强度也决定了植物是否会开花。例如，像林烟草（*Nicotiana sylvestris*）这样的长日照植物，只有当一天的日照时间超过 11 小时才会开花。许多水生单细胞生物（如裸藻等），也同样需要进行光合作用。它们的表面上有红色色素，可以通过这种"眼斑"有目的地朝光的方向移动。

像蠕虫这样结构简单的动物，在某个特定位置只有少量的感光细胞，只能感知光的入射方向和强度。而对于进化程度较高的动物，它们的大脑通过处理多个感光细胞接收到的信息，能够构建出自身环境的样貌。尤其是生活在陆地上的脊椎动物，包括人类在内，需要对自己的环境有一个清晰的认识。其他生物的形状和颜色是什么样的？它们朝着哪个方向移动，移动的速度如何？出色的视觉需要大量的感光细胞，它们是真正的器官，由不同的组织构成，其中包括一个将入射光聚焦到感光细胞上的晶状体。

色素、杯状结构和细胞——扁虫的眼睛就完成了

动物对周围环境的感知受多种因素的影响，其中感光细胞的位置和数量是关键的因素，并根据动物所处的生活环境进行调节适应。作为扁虫类的一员，涡虫必须熟练应对水中环境，因为它们往往会成为游过的掠食者钟爱的小点心。例如，虎斑涡虫（*Dugesia tigrina*）已经拥有了非常简单的眼睛结构——色素杯细胞。

这个术语实际上已经解释了这种感光受体是如何构成的。色素、

杯状结构和细胞组成了扁虫的眼睛。色素形成了一个覆盖着杯状细胞层的黑色薄膜，而感光细胞则位于其中。除了一个小开口，色素将光屏蔽在感光细胞之外。为什么要屏蔽光呢，感光细胞的作用不是捕捉视觉信息吗？这就是小开口发挥作用的地方，它让色素绕开了这个区域。在扁虫的头部，其中一只眼睛的小开口位于左前方，而另一只眼睛的小开口位于右前方。感光细胞将光线的入射角度和强度信息传递给扁虫头部的神经元聚集区。这些神经元会不断发出"转动头部"的信号，直到两只眼睛的光线入射量相等。对于小小的扁虫来说，不引人注目并远离光线对其生存至关重要。因此，它可以在阴暗隐蔽的生活环境中，例如石头下面，找到良好的保护，远离掠食者的威胁。

说到阴暗角落，你是否有过这样的经历？半夜醒来，迷迷糊糊地走进浴室，打开灯，然后突然看到一个小小的银色的东西闪进了下水道。

像虎斑涡虫（*Dugesia tigrina*）这样的扁虫，已经拥有了非常简单的眼睛结构——色素杯细胞。

昆虫和甲壳动物通过复眼看世界

夜晚喜欢在潮湿的厕所出没的不仅仅是衣鱼，还有无脊椎动物中的各种昆虫。它们的头部有感觉器官和口器，胸部有三对足，腹部有消化器官和生殖器官。让我们首先来关注昆虫的头部，因为那里有带着感光细胞的眼睛。

对于大多数节肢动物，如昆虫和甲壳动物，"看见"是一个复杂的过程。之所以复杂，是因为它们的眼睛由成千上万个单眼组成，这些单眼形成一个复眼。每个单眼被称为小眼，它们是静止不动的，只能从它们所面向的角度接收到入射光。小眼的外部具有透明的晶状体，将入射光聚焦到下方的感光细胞上。在感光细胞中存在吸收光线的色素，叫作视紫质。这个拥有美丽名字的色素，在自然界中是一种常见的光线吸收剂，也存在于脊椎动物的眼睛中。在无脊椎动物的复眼中，小眼底部的轴突将视紫质的照射信息传递到大脑中。通过这种方式，每个小眼仅捕捉到一个像素点，从而感知周围环境的一点细节。在节肢动物的大脑中，对于每个小眼所接收到的光照信息会被整合成一幅马赛克图像。从我们的角度来看，这幅马赛克图像并不特别详细，但它每秒更新高达 300 次，比人类的更新频率高出 6 倍。蜻蜓的复眼尤其令人惊叹，一些品种蜻蜓的复眼几乎占据了整个头部，每个复眼中包含数以万计的小眼。像大多数昆虫一样，蜻蜓是许多掠食者的首选猎物。它们的生存依赖于能够迅速发现潜在的掠食者！另一方面，蜻蜓本身也是出色的猎手，能够在飞行中捕捉猎物。美国亚利桑那大学的神经生物学家对一种普通白尾蜻（*Plathemis lydia*）进行了详细观察，以了解它们是如何做到这一点的。他们在普通白尾蜻身上使用了特殊的标记物，并利用一台每秒拍摄 200 张图像的摄像机追踪它在捕食苍蝇时飞行过程中的头部和身体运动。普通白尾蜻就像一架战斗机的飞行员，不断调整自己的位置，将目标苍蝇始终置于其最清晰的视野范围内。当目标被锁定时，普通白尾蜻会将身体调整到猎物的飞行轨迹上，并且能够对苍蝇的快速闪避动作做出反应。雀尾螳螂虾（*Odontodactylus scyllarus*）也是熟练的掠食者，它们的复眼由大约 10 000 个小眼组成，达到了对于节肢动物来说惊人的视力。复眼使它们的主人能够感知超出人类视觉范围的光，例如紫外线和红外线。所以说，昆虫与人类对世界的观察方式完全不同。

凹眼和针孔眼

像蜗牛这类软体动物，在视觉方面非常有趣，因为它们的不同物种拥有各种不同的眼睛结构，这些结构是随着演化逐渐形成的。在一些帽贝科贝壳中可以找到最简单的眼睛结构。它们的眼睛被称为"凹眼"，只是一个凹陷的区域，内部有感光细胞。与扁虫的色素杯细胞类似，这里的感光细胞也被色素层所保护。因此，凹眼仅能帮助它的主人确定光源的方向和亮度。这种凹眼是其他眼睛类型，例如针孔眼或水晶眼的基础。在针孔眼中，凹眼的开口变小，使得较少的光线照射到位于后方的感光细胞上。在这个层面上，我们可以看到周围环境的一小部分图像。在鹦鹉螺属动物中可以找到针孔眼，它们属于头足纲，也是一种软体动物。令人遗憾的是，大部分属于这些有趣生物的物种已经灭绝，我们只能通过化石来了解它们。然而，在西太平洋和印度洋的某些地区，仍有少数存活的"活化石"。

鹦鹉螺的头部有触手，这是头足纲动物（通常也称为枪乌贼）的典型特征。它的两只针孔眼赋予它足够的视觉能力，使其能够捕食并在周围环境中寻找猎物。顺便提一下，鹦鹉螺因其由珍珠母贝构成的壳而被称为"珍珠船"，在危险时它会缩回壳内。

下一个眼睛模型是一个很好的例子，可用来印证在大自然里不同的生物身上都能一以贯之的原理——尽管形式上有所不同。这里我们要讲的是晶状体眼，由一个晶状体和一个位于光孔上的保护角膜组成。类似的单个晶状体眼也存在于无脊椎动物中（如软体动物），并且与脊椎动物的晶状体眼具有高度的相似性。

盖罩大蜗牛（*Helix pomatia*）的两只泡状眼位于它的触角上。

凭借晶状体眼提升视力

与昆虫的复眼不同，晶状体眼只有一个单独的透镜，将光线聚焦到下方的感光细胞上。光线首先通过一个开口，也就是瞳孔进入眼睛。瞳孔是眼睛中心的"黑洞"，周围有一圈肌肉环，即虹膜。虹膜的作用相当于相机的光圈，可以通过肌肉的收缩和放松来调节瞳孔的大小。

当我们仔细观察晶状体眼的结构时，就会发现其中关键的区

森林不寂静 ｜ 动植物如何交流

别：在无脊椎动物中（如枪乌贼），"眼罩"和感光细胞是由身体表面的一层皮肤形成的。在这种情况下，感光细胞位于透镜的后方。而脊椎动物的晶状体眼则起源于中脑的一部分。光线必须先穿过许多细胞层，才能到达被称为视锥和视杆的感光细胞。光线一旦到达那里，感光细胞就会对进入的光进行初步分析。视锥细胞负责感知颜色，而视杆细胞则负责感知亮与暗的对比度。在复杂的神经回路中，感光细胞将接收到的信息通过视神经传递到大脑的视觉中枢。在这里，来自两只眼睛的所有信息将被整合、分析，特别是高级动物能够通过这种方式识别图案并感知运动的方向。因此，对于栖息在树上的生物和掠食者来说，空间视觉能力尤为重要。

我的一个好朋友也十分热衷于野外生物学，她曾在印度尼西亚的丛林中度过很长一段时间，研究苏拉威西岛眼镜猴的行为。眼镜猴属于灵长类动物，因其相对于身体而言非常巨大的眼睛而得名——这在自然界中可算得上是最极端的例子了！它们能够捕捉到最微弱的月光，在夜晚的树冠间跳跃。

与许多动物通过肌肉来转动眼睛不同，有些动物需要转动整个头部。像仓鸮（*Tyto alba*）这样的猫头鹰能够将颈部旋转 270°，因此它们实际上也能观察到后方。猫头鹰不仅具有全方位的视野，还具有鸟类特有的眼睛周围的骨质环。这个环连接着晶状体和后面的皮肤层，形成一种管道，使猫头鹰接收的入射光强度比人类高出2.7 倍。借助这种所谓的望远镜眼，仓鸮甚至可以在没有月光的黑夜中捕食。

在夜视方面，猫也是真正的专家。它们的眼睛内部有一种名为反光膜的"余光增强器"，所谓的"脉络膜毯"（Tapetum lucidum），意思是发光的毯子。这个"毯子"是一层额外的细胞层，能够帮助猫眼捕捉光线。当光线照射到猫的眼睛上时，这种发光的毯子也会使猫眼呈现出魔幻般的闪光效果。值得一提的是，狗和马的眼睛中也有类似的"余光增强器"。

左侧：像仓鸮（*Tyto alba*）这样的猫头鹰虽然眼睛不可移动，但它们的颈部却可以转动达到 270°。右侧：家猫（*Felis sylvestris catus*）等夜行掠食者的眼睛中有一种名为反光膜的"余光增强器"，这个额外的细胞层有助于捕捉光线并提高夜视能力。

2. 我听，我惊奇

现在从视觉信息转向听觉信息，我们不禁要问：为了感知声音，需要哪些受体呢？正如我们所了解的，声音是一种机械振动，它改变了周围介质（如空气或水）的压力。因此，收讯者需要能够接收机械振动能量的受体，并引发自身振动。对于这个共振的任务，毛发和类似毛发的结构就尤为适合。它们在形态上具有灵活性，可以像风中摇曳的芦苇一样随着周围压力的变化而振动。共鸣在这里成为关键词！

力学受体对声音的反应

生物可以通过细胞表面的力学受体感知不同类型的力：拉伸力、

压缩力、扭转力和剪应力。剪应力指的是物体或液体相对移动时产生的力。因此，生物表面的压力变化不仅可以由声波引起，还可以通过直接接触产生。即使是单细胞生物（如细菌）也可以感知来自周围环境的拉伸力和压缩力，例如当它们碰到障碍物时。植物和真菌也有感知力学作用的受体。正如你后面将会详细了解到的，植物能够通过这些受体对食草动物做出个体化的反应。根据食草动物的咀嚼方式，直接施加在植物细胞表面的压力会有所不同。这些力的影响会局部改变受体的电位，从而引发一系列的化学反应。当然，还不止这些：植物的根部也存在力学受体，借助这些受体，植物甚至能感知土壤中水分的运动。但是，"听觉"这个词究竟指的是什么？或者换个问题：当我在森林里大声喊叫时，到底都有谁能听得到呢？

无声之处亦无可闻

听觉不仅仅是通过力学受体（如动物耳朵中的受体）来与声音产生共振，而且需要将这些振动转化为电神经脉冲，才能将其传递到大脑并在那里进行处理。因此，没有"听觉区"的大脑是单细胞生物、植物、真菌和一些简单构造的无脊椎动物无法听到声音的原因。这与视觉的原理相似：声音并不是在受体中产生的，而是经过大脑接收来自各个受体的所有信息后进行处理，在大脑中生成的。或许你已经留意到，在我们的动物交响乐团中，只有少数无脊椎动物能够"奏响乐器"，主动发出美妙的旋律。在蠕虫和蜗牛的世界里，想要寻觅听觉的感知器官的踪迹注定徒劳无功——没有声音，自然也就无所谓聆听。这并不意味着这些生物无法感知振动，无法对周围环境中的压力变化做出反应。不过，我们还记得，蜘蛛和昆虫确实能够发出声音。尤其是昆虫，在听觉方面是个特例，因为许多昆虫都非常擅长音乐，并且能够演奏各种动听的旋律。如果它们不能接收和处理听觉信息，那这一切岂不是毫无意义？

螽斯用腿聆听

昆虫这类节肢动物可以利用身体"毛发"或身体附属物（如触角）来感知声波。这些简单的"接收器"根据长度和硬度的不同，力学受体可以与各种不同的波长一起振动。例如，许多品种的蝴蝶和飞蛾的身体"毛发"，甚至具有与它们的掠食者发出的声音相同的波长。雄蚊甚至在它们的触角上有一个声音接收器，只对雌性的飞行振动做出反应！

蟋蟀和螽斯在听觉方面比许多其他昆虫领先一筹，因为它们的前腿有所谓的鼓膜器官。它是一个被薄膜覆盖的气腔，这个膜就像我们耳朵里的鼓膜一样，当外界环境发生变化时，它也会跟着共振。2012 年，英国布里斯托大学的一个研究团队通过研究一种螽斯（*Copiphora gorgonensis*）揭开了另一个谜团：科学家发现了在鼓膜器官后面的一个奇妙结构，这种结构与脊椎动物的内耳惊人地相似。这个器官内部也有形状类似于毛发感受细胞的力学受体，它们分布在一块薄膜上。根据不同的物种，这些感受细胞的数量可能只有一两个，也可能多达两千个，真是匪夷所思啊！借助激光，研究者还发现，鼓膜器官不仅在结构上与脊椎动物的耳朵惊人地相似，连其工作原理也一样。连续排列的杠杆状结构将声音传导到一个充满液体的鼓膜器官中。当声波轻抚薄膜时，薄膜上的毛发感受细胞也会随之振动。这些毛发感受细胞的振动被转化为电神经脉冲，并传送到昆虫的大脑中。鼓膜器官在不同的昆虫中独立演化，且出现在各种不同的身体部位，例如在许多蝴蝶的翅膀上。

锤骨、砧骨和镫骨——这就是哺乳动物耳朵的工作原理

大多数脊椎动物的内耳都充满了液体，鼓膜上簇拥着毛发般的听觉细胞。当声波触及薄膜时，它开始"摇摆"——上面的受体也开始振动。这种振动的幅度和方向被直接转化为信息物质，并通过其他神经元传送到大脑。为了使薄膜在非常微弱的声波作用下也能振动，进入耳朵的声波需要被放大。为此，耳朵中有许多部位，包括肌肉、小骨或膜（如鼓膜）。

在大多数情况下听觉的基本原理是相同的，但是爬行动物、两栖动物和鸟类的耳朵在结构上有所不同，因此对于声音的放大方式也不同。例如，爬行动物（鳄鱼除外）、两栖动物和鱼类通常没有外耳或耳郭。哺乳动物有三个听骨和一个鼓膜，而两栖动物和鸟类只有一个听骨。一些两栖动物（如蝾螈）没有鼓膜，它们用肌肉和皮肤来感知声音。蛇类作为爬行动物，也没有外耳或鼓膜，它们则是通过下颌关节的振动来感知声音的。

下面，让我们以哺乳动物的耳朵为例，来追溯声音信息传播的路径。当人类倾听声音时，外界的压力变化首先会触及外耳，也就是耳郭。耳郭就像一个喇叭口：它收集来自周围环境的声波振动，并将它们集中在一个较小的区域内。这个区域就是我们所说的鼓膜，它位于外耳和中耳的交界处。声波随即穿过中耳三个奇妙的听骨，即锤骨、砧骨以及镫骨。锤骨与鼓膜相连，将振动

传递给砧骨。而砧骨与镫骨相连，这里值得一提的是，镫骨是哺乳动物身体里最小的骨骼。镫骨连接着内耳中充满液体的耳蜗，称为"卵圆孔"相连。从鼓膜到卵圆孔的路上，声波的强度增强了15 倍——从一个较大的区域（鼓膜）传递到一个较小的区域（卵圆孔）。压力大小不变，因此现在同样的力作用在较小的面积上，也增加了卵圆孔处声波的压力。这种压力是使充满液体的耳蜗振动，并激活其上的听觉受体的关键。在这里，力学信息转化为神经脉冲，然后通过神经元传递至大脑的"听觉中心"。

让我们回忆一下本书开头的那首诗：两只手，两只眼睛？这一切都有其道理！同样的，在脊椎动物中，每侧只有一只耳朵也是有意义的。声波到达两耳的时间差和声音强度的差异，使大脑能够定位听觉信息。声音来自哪里，声音有多大，以及是哪个发讯者传递了这些听觉信息？为了支持听觉定位，耳朵还可以朝各个方向旋转和折叠。前面，我们已经认识了印度尼西亚的眼镜猴，除了一双巨大

生活在苏拉威西岛的眼镜猴拥有可以旋转和折叠的耳朵，这使它们能够感知其雨林栖息地中多种多样的声音。

的眼睛，这些猴子还拥有两只宽大而灵活的耳朵，可以准确地追踪最微弱的声音。当夜幕降临时，眼镜猴就会张开耳朵，静候蝗虫和它的伙伴们那诱人的叫声。

现在，我们直接穿越雨林，来到拉丁美洲，拜访那里的丑角蛙。说到听觉，也就是接收声波，这种两栖动物可谓是全身心地投入！

听觉无须鼓膜——当声音穿透皮肤

生活在拉丁美洲雨林中的丑角蛙（实际上是一种蟾蜍），让美国俄亥俄州立大学的科学家感到大为惊奇。在这些丑角蛙中，有些品种拥有鼓膜，也有一些品种没有这种声音放大器。因此，丑角蛙非常适合用来研究两栖动物听觉能力的发展。研究人员对有鼓膜和无鼓膜的测试蛙类分别播放了它们同品种的丑角蛙的叫声，并同时跟踪记录这些声音信息穿过最多仅 40 毫米长、2 克重蛙类身体的路径。科学家们在青蛙身体的三个测试点上记录了皮肤表面的振动情况：第一个测试点位于肺部正上方，第二个测试点位于内耳上方的头部侧面，第三个测试点位于鼻孔和眼睛的中间位置。所有的蛙类，肺部上方的区域对于声波回应的震动最强烈。蛙类胸腔的皮肤非常薄，因此容易产生振动。令人惊讶的是，当测试蛙听到自己同品种蛙类的叫声时，振动尤其明显，也更容易被测量到。这就好像每次有人呼唤我们时，我们整个上半身都会颤抖一样。这项研究尤为有趣的是，声波从胸腔向耳朵的进一步传播，在不同种类的丑角蛙之间有所不同：在有鼓膜的蛙类中，内耳区域的头部侧面震动更强烈，而没有鼓膜的种类则不然。由于蛙类没有像哺乳动物那样的外耳，它们的鼓膜直接位于头部，并将声波传递到内耳的毛细胞。在没有鼓膜的蛙类中，声波通过肺部的空气传播似乎是更好的选择。不过，通过肺部这条绕道路径是有代价的，这会导致丑角蛙对高音的感知能力减弱。然而，这并没有阻碍这些丑角蛙以高达 3 780 赫兹的高频率声波与同类进行交流。至于它们是如何在没有鼓膜的情况下实现这一点的，这对科学家来说仍然是一个谜。

为什么鱼类耳朵里有小石头？

尽管我们无法直接看到，但鱼类也拥有"真正"的耳朵，所以它们能够听到声音。但是，它们并没有像哺乳动物那样拥有用于声音传导的外耳和中耳。鱼类的内耳在头骨中，位于眼睛的后方。与陆地脊椎动物类似，其中也充满液体，并含有感受声音的受体（即感官毛细胞）。但问题是，当鱼儿自身处于水中且内耳也充满液体时，它们是如何感知周围水的密度变化呢？难道声波不应该直接穿过它们吗？

水下生物通过将声波从"水"这个介质传递到"石头"上，甚至有些物种还传递到"气体"介质上，来解决这个难题。鱼类的耳朵里有一些小小的石灰质颗粒，这些小石头比周围的液体介质更重。当声波到达内耳时，这些石灰质颗粒会稍有延迟地做出相应的运动。当听觉石头"开始滚动"时，它可以改变内耳中的感官毛细胞的位置。随后，这些感官毛细胞的运动会以电信号的形式传递到鱼类的大脑中。这种声音传递方式在低频音中效果最好，因为低频音每秒只有少数几次振动。可是，许多鱼类却能够听到更高频率的声音。它们是如何做到的呢？

拥有骨骼的鱼类，还具有一个充满气体的鱼鳔，由于这个气囊的存在，它们可以轻松地漂浮在水中。不过，鱼鳔的功能远不止于此。声波从鱼鳔中的气体传播到弹性的囊壁上，并使其振动。这些振动继续传播到内耳，进而再次使耳石产生运动。因此，鱼鳔实际上起到了增强传入声波的作用，类似于鱼类的鼓膜。鱼鳔越大，鱼类的听力也就越强。一些品种的慈鲷鱼，如花斑腹丽鱼（*Etroplus maculatus*）和所有的鲱鱼代表还有一个能够改善它们听力的额外"升级"。它们鱼鳔的前端有两个凸起，直接与内耳相接触。因此，大西洋鲱（*Clupea harengus*）能够不可思议地听到 30~ 5 000 赫兹的声音，甚至能够判断声音来源的方向。正如你稍后将更详细地了解到的那样，鲱鱼会利用特殊的声音信息与同类进行交流。而鲤鱼、鲇鱼、鲑鱼和刀鱼等鱼类则拥有连接内耳和鱼鳔的听小骨。奥地利行为生物学家卡尔·冯·弗里施（Kanl von Frisch）在他的科学著作《一条会听口哨声的鲇鱼》中描述了他如何通过吹口哨来召唤这种鱼，使其从水下洞穴中出来。

体侧线系统——机电信息的接收器

鱼类以及所有生活在水中的两栖动物都不断受到来自附近和远处的压力波的影响。例如，当其他动物游过或水流方向因障碍物而改变时，便会产生这样的压力波。通过体侧线系统，鱼类和两栖动物能够感知这些压力波，并通过这样的方式在浑浊的水中收集有关周围环境的信息以进行定位。体侧线系统能够帮助鱼类在鱼群中始终与邻居们保持适当的距离。体侧线系统的信息接收器是只有在显微镜下才能看到的微小器官，称为神经丘。这些神经丘是由支持细胞稳定的感官毛细胞组成的，周围被一层凝胶或黏液所包围，它们自由分布在鱼类和水生两栖动物的皮肤上。此外，神经丘透过渗入皮肤下的通道和管道，而组成一个系统。在这些通道和管道中，神经丘通过皮肤上的孔与周围的水接触。当水中发生运动并引起压力波时，凝胶柱或黏液柱会随之运动，从而使感官毛细胞运动。这些力学信息随后以神经细胞的电脉冲形式传递到大脑中。体侧线通道是鱼类皮肤下的最长的一条管道，它以细小的孔线形式从鳃盖一直延伸到身体的尾部，在某些鱼类身上清晰可见。体侧线系统可以捕捉到来自附近的声源产生的声波。相反的，来自远处的声波无法产生足够强的水流，所以无法被神经丘感知到。因此，体侧线系统在接收用于交流的听觉信息方面并不起重要作用。

相比之下，鱼类的电感知系统与体侧线系统完全不同，它是从体侧线系统演化而来的一种接收电和地磁信息的系统。一些鱼类的皮肤中存在充满导电物质的通道。人类都知道：在浴缸里使用吹风机可不是个好主意，因为水像融化的黄油一样会导电①。但是，弱电鱼类（如尼罗河鲶和刀鱼）正是利用水的电导性与同类快速进行水下交流。这些鱼类利用皮肤表面特殊的肌肉细胞或神经元能够在泥泞的淡水环境中产生微弱的电场。它们中的大多数都是夜行性的鱼类，并且生活在水底。在这种环境中，视觉并不起作用，因此它们在演化过程中选择了使用电信号进行交流，例如通过电信号吸引交配对象。

除了弱电鱼，还有一类强电鱼，例如生活在亚马孙河的电鳗。

---

① 黄油作为含有脂肪的食材，本身是不导电的。当黄油中添加一些盐类，比如氯化钠、氯化镁等，黄油就可以变成导电的了。

新月弯颌象鼻鱼(*Campylomormyrus numenius*)是一种弱电鱼,它们利用皮肤表面上层变异的肌肉细胞或神经元来产生电场。新月弯颌象鼻鱼会利用电信号与同类进行交流。

电鳗最高能释放达900伏的电压,这也解释了它们为何被称为电鳗。电鳗、电鲇和电鳐等游动的"电击器"会利用电流来捕捉猎物和抵御敌人,它们并不利用这种电能进行交流。因此,虽然强电鱼可以自己产生电流,但它们并没有用于接收电流信息的系统。

3. 跟着嗅觉细胞走

请闭上眼睛,想象我们正身处一片森林中。深深地吸一口气,你会闻到空气中清新的气息。现在是夏天,一场猛烈的暴雨后,森林的气息尤为浓郁。你嗅到了树叶和泥土的芬芳,还有——你脚边森林中典型的野猪粪便的气味。通过"嗅觉"这个关键词,我们进入了化学信息的接收系统,也就是化学受体。

挑剔的化学受体

化学受体是接收系统中一种具有极长寿命的受体,它们承担着两个重要任务:嗅觉和味觉。即使在最简单的形式下,它们也能帮助单细胞生物感知周围的化学物质。借助化学受体,细菌能够捕捉到葡萄糖分子,并朝着美食的方向移动。细菌表面的化学受体也能识别对其有毒的物质——对于这种单细胞生物来说,这时候就需要迅速远离危险源。对于陆地上的生物来说,化学受体对于获取远距离的信息非常重要。我们可以将香味物质与化学受体的结合类比为钥匙与锁的匹配。有些化学物质就像是万能钥匙，可以适配多个化学受体。而其他物质则只能适配特定的受体细胞，这些细胞不会随便接纳任何分子。通过化学信息进行的交流就是一个非常典型的例子，向我们展示了发讯者与收讯者之间精确匹配的重要性。

无脊椎动物通过触角"嗅探"环境

无脊椎动物，如蠕虫、节肢动物和软体动物，在其生活环境定位中特别依赖对化学物质的感知。它们对其他信息的感知受体通常发育不良或根本不存在，它们与其他生物的交流主要依赖于感知化学信息的能力。因此，无脊椎动物全身都分布着类似毛发的嗅觉细胞。对于昆虫、甲壳类动物或蜘蛛来说，这些嗅觉细胞主要集中在突出的身体部位，例如触角或腿。这些身体附属物上的细毛突起增加了表面积，以便尽可能容纳更多的嗅觉细胞。这也是像欧洲鳃金龟（*Melolontha melolontha*）这样的鞘翅目昆虫具有扇形触角，而上面又布满了嗅觉细胞的原因。昆虫拥有两根触角也并非偶然，两根触角上都有化学受体，使它们可以拥有空间嗅觉。

欧洲鳃金龟（*Melolontha melolontha*）拥有扇形的触角，上面布满了感知化学信息的嗅觉细胞。

脊椎动物的嗅觉——一件黏黏糊糊的事情

对于大多数脊椎动物来说，感知化学信息是一件黏黏糊糊的事情，因为它发生在鼻黏膜中。这个"湿润的地毯"位于鼻腔的上部，是嗅觉细胞的工作场所。动物物种不同，鼻黏膜的面积也各有不同。例如，人类的鼻黏膜只有 10 平方厘米，大约可以容纳 3 000 万个嗅觉细胞。狗的鼻黏膜面积则比人类的大 100 倍，因此它们也比人类拥有更多的嗅觉细胞。嗅觉细胞表面有着微小的毛状结构，正是这些结构吸引着气味物质。与其他受体不同，嗅觉细胞在一生中会不断被替代和更新。

以我们自己的鼻子为例，来追踪气味物质的路线：我们深吸一口气，空气中的气味物质就会被带到我们的嗅觉细胞附近。气味分子与相匹配的受体结合，从而改变受体的电位能。这种改变通过神经元的输出路径（即轴突）以电刺激的形式传递到大脑中的嗅球，以统一的神经元语言进行传递。在嗅球中，这些信息被整理、汇集，并传递到大脑皮层的嗅觉区域。直到此时，你作为生物才会意识到嗅到了什么。嗅觉细胞在鼻黏膜中的分布并不是随机的。同一种气味分子的信息会在具有相同受体的细胞之间进行计算和整合。在哺乳动物的鼻黏膜中，嗅觉细胞也遵循着锁与钥匙的原理，只有一类具有相似结构的气味分子能够与受体细胞结合并引发反应。大多数情况下，气味分子的结合遵循着"抢椅子游戏"的规则，每次只能有一个人坐到椅子上。然而，在哺乳动物的嗅黏膜中存在非常多的这样的"椅子"，并且嗅黏膜上分布的气味物质会在大脑中形成一幅完整的气味图像。通过连接不同类型的感受器，人类能够区分多达

10 000 种不同的气味。

丹麦医生路德维希·莱文·雅克布逊（Ludwg Levin Jacobson）在脊椎动物的嗅觉研究领域享有盛名。他发现了"雅克布逊器官"，也称为"犁鼻器"。犁鼻器专门用于与同类进行化学信息的交流。在包括人类在内的大多数脊椎动物中，这个器官已经相对退化，而鸟类则完全没有这个器官。不过，对于爬行动物来说，雅克布逊器官在嗅觉和味觉能力中扮演着重要角色。例如，鼓腹咝蝰[②]（*Bitis arietans*）通过其分叉的舌头捕捉空气中的化学物质，并将其压在喉部的雅克布逊器官上。对于鼓腹咝蝰来说，通过这种方式可以一次搞定嗅觉和味觉!

---

② 又名鼓腹蝰蛇，俗称鼓腹毒蛇，是一种有毒的蝰蛇，为非洲最普遍的毒蛇，几乎遍布整个非洲。

第二部分

——

谁与谁在交换信息，又是为什么？

——

第三章　单细胞生物——微小空间内的对话

无论是炽热的硫黄泉中的细菌、寒冷的苔原上的苔藓，还是深邃的大海中的鱼类，地球上的生命几乎无处不在。无论是陆地上、水中还是空中，它们都能顽强地抵御最恶劣的环境。现在，让我们一起漫步于多样性的生命之中，并探究一个问题：谁与谁在交换信息，又是为什么? 让我们从头开始吧!

干草浸泡液不沉默

诚挚地欢迎你来到我的工作室。请坐，让自己放松下来——我已经为你准备好了一些东西。几天前，我把一些干草浸泡在装满雨水的桶中，然后把它静置在室温下。别担心，我没打算给你喝它——尽管它听起来很像是某种健康的东西。实际上，这是一个实验，我想通过它向你展示一些东西。乍一看，干草似乎是"死的"，因为它是由割下的草和植物干燥而来。然而，干草中隐藏着一个我们尚不可见的秘密：17 世纪时的学者已经观察到，在提供了水和一定温度后，被认为已经没有生命的干草会逐渐出现生命迹象。草是许多微生物（如细菌）的栖息地。这些微小的生物是人类用肉眼无法看见的，只能通过显微镜进行观察，因此它们被称为微生物。当我们拥有充分的视力时，我们就能够清晰地看到并识别直径为 100 微米的单根人类头发，而微生物的大小为 1 ~ 100 微米。

许多微生物还会进入休眠状态，以便在较长时间的干旱期间存活下来。通过给干草加水并提供适当的温度，我重新创造了一种适宜的环境，微生物们就像电影中的僵尸一样苏醒了过来。几天后，它们繁殖得如此之快，让人禁不住想要一睹微生物微观世界的景象。我小心地用滴管将一些浸泡过干草的液体滴在一小块玻璃上，然后将其放在显微镜下观察。我将放大倍数调整到 400 倍，现在看看这些微小而神奇的生物吧：眼虫、草履虫、栉毛虫、纤毛虫、鞭毛虫、变形虫和干草细菌。在一滴干草浸液中，充满了生命的活力和繁荣。

细胞界的个体户：微观世界的发讯者和收讯者

单细胞生物的名字并非浪得虚名，因为它们确实只由一个细胞组成。这个"微小的房间"里有生命所需的一切，也能接收信息。在细胞的外部边界上，也存在接收站——受体，它们帮助草履虫等单细胞生物在周围环境中找到方向。例如，这些受体可以对外部压力做出反应：当另一个单细胞从侧面撞过来时，干草里的细菌就会"感知到"。单细胞生物利用它们的受体也能感知到我不小心碰到玻璃片，从而在小水滴中引发了一次微小的震动。这种冲击在水中引起了震动，力学受体在细胞表面感知到压力差异。然后，这些受体将接收到的信息通过细胞内的化学信息物质进一步传递。对于这些信息，单细胞生物可能会采取的一种应对策略是保持静止状态，直到震动停止。因此，与外界的交流完全在单个细胞内进行，包括"接收信息""信息处理"和"发送信息"。

原核细胞和真核细胞：核心的不同

在一滴干草浸泡液中，存在两种基本类型的单细胞生物，它们的分裂方式构成了所有其他生物的起源：原核细胞和真核细胞。可以将原核细胞看作一个简单而杂乱的小空间。就像许多单身公寓一样，它的摆设简单，没有太多东西，也没有真正的"柜子"，而为数不多的物品就那么"随意散落"在整个空间中。因此，细胞的 DNA 构造方案是处于"散落"的状态，没有与其他空间内容分隔开来。尽管如此，原核细胞中仍然存在一套系统，所有重要的功能都能够正常运作。与原核细胞相比，真核细胞的体积通常是原核细胞的 10 倍，并在居住条件方面显然有所改进——可以视为一种"升级"。在细胞内部存在被称为"细胞器"的封闭工作区域。其中一个新的细胞组成部分是真正有壳的细胞核。DNA 被整齐地包裹在其中，与其他细胞物质明确分隔开来。其他细胞部分（如液泡或线粒体）在新陈代谢中承担着重要的任务，例如控制细胞内外的水分进出。可细胞质是怎么突然变得奢华起来了呢？有许多迹象表明，大型原核细胞曾经吞噬了较小的原核细胞，从而形成了一种共同生活的模式，你可以把这看作类似于合租，细胞之间通过共生关系相互协助。根据理论推测，这个由原核细胞共同生活演化而来的就是真核细胞。

原核细胞和真核细胞的存在将自然界分为三个域 [1]:古菌、细菌和真核生物。可为什么是三个域而不是两个,毕竟只有两种细胞类型?古菌和细菌由简单的原核细胞构成,被称为原核生物。而其他所有的生物(如动物和植物)则由真核细胞构成,被称为真核生物。

原核生物包括古菌和细菌

古菌在一些特征上与细菌有所区别,例如它们的细胞外部边界。因此,它们被归类到了一个独立的域。"古菌"(Archaeen)一词源自希腊文 archaios,意思是原始的。因此,不论是古菌还是现在的细菌,都像 35 亿年前一样适应了极端环境,并在深海热液喷口等恶劣环境中生存了下来。这些原核生物利用附着在细胞边界的小纤毛进行运动,这些小纤毛被称为鞭毛。鞭毛的基部连接着一个"电动机",使其产生运动。这些鞭毛可以覆盖整个细胞表面,也可以只存在于某些部位。当鞭毛的"电动机"启动时,它会像一个小螺旋桨一样旋转,转速高达 1 700 次 / 秒,从而产生推力推动细胞前进。单细胞生物还可以通过改变鞭毛的旋转方向来实现反向运动。这种"外部动力系统"就像电动机一样,使得细菌中的短跑健将——念珠菌(*Candidatus Ovobacter propellens*)能够以 1 毫米 / 秒的最高速度前进。在单细胞生物的微观世界中,还有其他多样的运动形式,例如聚群生活的黏菌的移动方式。单个细胞可以产生黏液并在上面来回滑动,或者依附在经过的邻近细胞上,通过在细菌星系中搭便车的方式移动。

---

[1] 如果说物种是对生命进行分类的最小单位,那么域则是最高级别的分类单位。

草履虫和其他类型的单细胞生物——真核细胞

让我们再次透过显微镜来观察一下：在灯光的照射下，水滴的温度上升，小小的单细胞生物开始变得活跃起来。一只栉毛虫刚好从一只眼虫身边快速掠过，而变形虫则用它的伪足在水滴中迅速移动。其实这些微生物的"动物名字"是有些误导性的，因为实际上这些灵活的单细胞生物并非动物。但那又怎样呢？人类肉眼所见的植物、真菌和动物，都是由许多真核细胞组成的多细胞生物。而草履虫和其他类似生物则是由一个或少数几个真核细胞组成的生物集合的一部分。它们主要生活在海洋和淡水环境中，对其他生物来说是重要的食物来源。这个生物集合还包括具有光合作用能力的单细胞藻类和类真菌的生物。其中一些微生物形态美丽，尤其是放射虫、硅藻和有孔虫。顺便提一下，有孔虫这个单细胞生物的遗骸，是形成如德国吕根岛陡峭海岸的白垩岩的主要物质。

有孔虫（左侧），也被称为"室虫"，其外壳（右侧）富含钙质，是构成吕根岛陡峭海岸的白垩岩的主要物质。这些物种大多数已经灭绝，现在仅以化石的形式存在。目前仍存活的真核细胞类单细胞生物主要生活在海底。

这些单细胞生物的形态和运动方式都非常多样化。它们会爬行、滑动、流动和行走，不知疲倦。对于原核生物（如细菌）来说，鞭毛是一种重要的结构，而对于真核生物（如草履虫）来说，纤毛扮演着相似的角色。与鞭毛不同，纤毛不是附属物，而是细胞膜的伸展部分，并且被细胞膜包围——就像我们的手臂和腿一样。而变形虫则是通过伪足在海底爬行。当变形虫的细胞表面的化学受体察觉到一个障碍物时，它会调整自己以适应环境并绕过障碍物。如果有毒素接触受体，细胞内会触发一系列化学反应，使变形虫远离"邪恶之源"。我也希望在自己的日常生活中能拥有这样的自主权——变形虫，你可真厉害！

从单细胞生物到多细胞生物——绿藻中的衣藻

在从单细胞生物到多细胞生物的转变中，我们遇到了一些令人惊叹的生物，如衣藻、空球藻和团藻。这个过程可能从绿藻中的衣藻开始。衣藻生存在小型淡水水域中，能通过光合作用自给自足，这是典型的藻类特征。凭借其鞭毛，衣藻可以自由移动，并通过简单的光感受器（眼点）在环境中进行定位。衣藻细胞通过简单的细胞分裂进行繁殖，它们的子细胞能够独立存活。当多个衣藻细胞形成，并通过细胞连接而聚合在一起时，它们便形成了一个菌落。这个菌落被外层包裹着，并使所有细胞紧密相连在一起。当细胞数量达到 32 个时，就会发生一些有趣的现象：个别细胞开始增大，并且眼点变得更加明显。这个由 32 个细胞组成的菌落被称为空球藻，它展现了分工的初步迹象。绿藻中的团藻由超过 10 000 个独立的细胞组成，形成了一种非常美观的球状菌落。这些带有纤毛的细胞被一个外壳包围着，形成一个球体，通过细胞连接进行相互交流。在这个庞大的细胞群体中，有效的交流至关重要，就像一艘船上的桨手需要协调划桨的节奏一样，每个细胞的纤毛运动必须协调一致。如果每个桨手都按照自己的意愿行动，那么这艘船将永远无法抵达目的地！

实际上，团藻已经不再是由单个独立的细胞组成的集合体，因为它已经具有了明确的分工。在拥有 10 000 个细胞的团藻中，最多只有 16 个细胞负责繁殖并承担相应的细胞分裂。一旦通过分裂产生的子细胞大到一定程度，整个团藻球体将破裂，释放出新的细胞进入外部世界。这些新的细胞可以形成一个新的球体，而原来团藻的其余细胞则会逐渐死亡。从微观的团藻世界中我们可以看到，多细胞生物的细胞之间需要进行大量交流，以使整个生物能够正常运作。在我们继续讨论真菌、植物和动物等大型多细胞生物之前，让我们先来倾听一下单细胞生物之间的交流，并回答以下问题：细菌、草履虫和变形虫等生物整天都在与谁交换信息，以及为什么要这样做？

1. 捕食和被捕食

刚才，我们已经了解了绿藻中的衣藻。如果像绿藻这样的单细胞生物无法通过光合作用自行合成营养物质，那么它就必须从其他生物中获取食物来维持生存。"捕食和被捕食"是不同种类生物之间最基本的交流话题之一。正如我们之前在猫和鸟类的例子中所看到的，掠食者经常监听猎物之间的沟通，以此获取自身的利益。

我饿了，你是我的食物

细菌常常以死去的生物为食，将它们分解成最初级的组分。通过这些组分，可以再次诞生新的生命，因此许多微生物在自然界中扮演着非常重要的垃圾处理者的角色。如果生物不是以死去的生物为食，或者无法通过光合作用自行合成食物，那么它们就必须寻找能量的来源。对于人类来说，通过食物获取化学能量已经变得轻而易举，只需去超市、餐馆或者厨房即可。在那里，食物已经准备好了，我们不需要"说服"食物跟我们走。在野外情况就完全不同了：如果你想活下来，你就必须学会自己寻找、捕获和宰杀食物。你会突然回到狩猎和采集的时代，并面临如下问题：哪些蘑菇或植物可以食用？自己如何获取食物，而又不会成为别人的美餐？对于许多微生物来说，"捕食和被捕食"已经成为日常待办事项清单的一部分，因此它们需要发送和接收信息。

根瘤菌不是开罚单，而是分发氮

许多单细胞生物会为了获取食物而离开土壤或水，寄生在其他生物的内部或外部。就像细菌喜欢在动物的皮肤褶皱或身体部位中找到一个舒适的环境定居，并以数以亿计的数量寄生其中，比如寄生在人体的肠道中的大肠杆菌（*Escherichia coli*）。当"室友"和"主人"之间达成一种互惠互利的关系，并且两者属于不同的物种时，这种不平等的友好关系就被称为共生。我们在上一章节已经接触过这个术语，当时涉及的是两个原核细胞和平共处的情况。如果两个物体在共生关系中的大小悬殊，那么较大的那个共生伙伴则被称为宿主。例如，细菌可以为宿主在许多方面提供支持，帮助宿主消化食物，或防止真菌占据宿主的身体孔道。

当我们提到共生关系时，第一个想到的宿主通常是豆科植物家族的植物，如豌豆或苜蓿。像所有植物一样，它们需要氮来促进生长，因为氮有利于叶绿素的合成。虽然大气中的氮气占了78%，但问题是植物无法捕捉到大气中游离态^②的氮。不过，有需求就会有市场！根瘤菌使用了一种聪明的策略，能够从空气中捕获氮气并将其转化为植物可利用的形式。这种能力对植物来说非常宝贵，因此许多植物与这些具有固氮能力的根瘤菌建立了一种"交易"的互利关系。作为对固氮的回报，细菌直接从植物那里获取养分。但是，这个不平等的伙伴关系是如何建立起来的呢？

豌豆等植物的根部会释放出化学信息，以吸引根瘤菌前来。只有当细菌与植物细胞在化学层面上达成一致后，细菌才能侵入根细胞并安家落户。顺便说一下，"根瘤"^③这个词与交通罚单无关。当细菌侵入根细胞时，根细胞开始弯曲，并将细菌包围起来，如此就形成这种细菌名字的由来——根瘤。有趣的是，土壤中的其他生物似乎也参与了根瘤菌和根细胞之间的合作。

秀丽隐杆线虫（*Caenorhabditis elegans*）是土壤生态系统中的典型居民，主要以细菌为食。通过身体表面的化学受体，秀丽隐杆线虫能够准确地找到埋藏在土壤深处的细菌群。细菌在土壤中留下一条气味路径，线虫只需跟随这条路径，就能直接到达大量细菌的聚集地。可是，线虫并不仅仅受到细菌释放的化学气味物质的吸

---

② 在化学上，游离态指的是某元素不与其他元素化合，而能单独存在的状态。
③ 译者注：根瘤菌的德语单词字面直译为交通罚单。

引。蒺藜苜蓿（*Medicago truncatula*）这种豆科植物也会释放出化学信息，而线虫也具备感知这些化学信息的受体。但是，蒺藜苜蓿为什么会对线虫感兴趣呢？通常情况下，线虫并不是受植物欢迎的客人，因为它们中的一些成员会以植物的叶片为食，甚至可能会传播病原体。不过，秀丽隐杆线虫对于蒺藜苜蓿来说具有重要意义，因为它的食谱上还包括苜蓿中华根瘤菌（*Sinorhizobium meliloti*），即蒺藜苜蓿的共生伙伴。显然，豆科植物知道线虫对细菌的嗅觉感知能力，并将其为自己所用：豆科植物释放化学信息，吸引携带细菌的线虫到自己身边。因此，蒺藜苜蓿将线虫用作细菌快递员。这种"包裹投递"有两种方式：第一种方式是通过线虫与植物根部的接触直接进行的，因为线虫的体表上有"搭便车"的细菌。第二种方式实际上是通过线虫的肠道，通过其排泄物进行的。线虫的消化系统活跃，在最理想的情况下，它可以每45秒"交付"一次排泄物，其中包括根瘤菌。经过实验研究发现，即使经过线虫的消化，它的粪便中仍然存在足够多的活细菌，这些细菌可以与蒺藜苜蓿的根部一起共生。蒺藜苜蓿可真是聪明啊。

细菌能否帮助切叶蚁进行交流？

细菌不仅能与植物共生，动物同样也由于这些微小的住户而受益。在茂密的墨西哥丛林中，我真的碰到了一种非常有趣的细菌和蚂蚁之间的共生关系。这里说的就是切叶蚁（*Atta sexdens rubropilosa*）。它们的名字可谓起得恰如其分，因为这种蚂蚁会使用它们的口器切割叶子，并将其用于自己在蚁群中培养真菌，而这些真菌反过来又是蚁类自己的食物。勤劳的切叶蚁身上不仅携带着割下的树叶，它们的身体表面还寄生与其共生的细菌。这些细菌可以抑制可能对蚂蚁产生危害的真菌病原体。2018 年，巴西圣保罗大学的科学家发表了一项研究成果，显示这些细菌对蚂蚁的益处远远超出了以前的估计。对于切叶蚁来说，这些细菌甚至在它们与同类的交流中也能发挥作用。

这种蚂蚁在地下的巢穴中以百万计的数量群居在一起。如此众多的蚂蚁需要建立良好的沟通机制，以确保顺畅的物流运作。科学家发现，为了完成这项庞大的沟通工作，蚂蚁的腺体中寄生着一种名为黏质沙雷菌（*Serratia marcescens*）的细菌。这些细菌释放出特定的气味物质，这种气味信息就像蚂蚁自己在交流中使用的气味一样。这难道是巧合吗? 在实验室中，科学家对这些细菌所释放的气味进行了追踪，并将它们进行了单独隔离。这些细菌产生的化学物质在结构上与蚂蚁用来标记道路或作为其他蚂蚁存在的警示信号的气味物质非常相似。显然，这些细菌为蚂蚁巢穴内的化学交流提供了支持。自由生活在土壤中的细菌所释放的气味物质很可能是两个共生伙伴相互吸引的原因。蚂蚁将细菌的气味识别为自己的气味，并沿着气味追踪到源头：开始了一段终身的友谊!

草履虫的反击

像草履虫这样的单细胞生物常常是其他生物菜谱上的首选美食，然而它们也已经发展出了一些策略，以免被轻易吃掉。它们的掠食者会在毫无察觉的情况下释放化学信息，透露出它们的"谋杀意图"。而草履虫的细胞表面具有相应的受体，一旦敌方的气味分子与之结合，它们便会立即做出反应。当栉毛虫出现时，草履虫会发射一种名为纤毛囊的"箭矢"，以还击掠食者。这些纤毛囊也存在于其他单细胞生物中，并以成千上万的数量分布在它们的细胞表面上。它们的形状通常类似于尖锥形的胡萝卜，当受到力学、化学或电刺激时，它们会被触发并发射出去。这种箭矢般的"武器"不仅用于草履虫的自身防御，还用于捕获猎物和获取食物。一旦纤毛囊被发射出去，就无法再次使用。可是，如果草履虫发现攻击者时已经太迟，敌人已经接近并与之接触，那么这将是一个改变方向并撤离的信号。这种逃生策略给了草履虫时间上的优势。还有一些纤毛虫则会以改变形态的方式对其掠食者做出反应。它们会简单地改变自己的形状，让掠食者失去食欲：刚刚还是一道美味，下一刻就变成了难以消化的一坨。

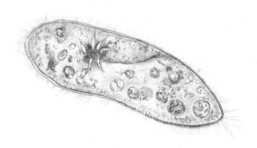

单细胞的草履虫（*Paramecium spec.*）通过细胞表面的化学受体感知周围环境的信息，并对其做出反应。

2. 一个细菌对另一个细菌说

在地球上，像细菌这样只有一个细胞的生物非常多，这是因为它们采用了一种快速的繁殖方式：无性繁殖。在这种繁殖方式中，细胞自身已携带了一切所需的物质，不需要其他细胞，因此也没有性别之分。尽管如此，在接下来的内容中，还有充分的理由要对细菌的性别问题进行一番讨论。

无性繁殖：复制、形成隔膜，完成！

在理想条件下，大肠杆菌可以在实验室中每 20 分钟完成一次细胞分裂从而实现倍增。让我用几个词来概括一下，以便你在 3~5 秒的阅读时间内便能理解这 20 分钟的过程：复制细胞成分，形成新的隔膜，完成！这种细胞分裂的产物是完全相同的子细胞，它们具有与母细胞相同的基因。植物和一些构造较简单的动物，例如涡虫，也可以通过自我分裂来繁殖。这种分裂可以说丰富多样，例如变形虫的分裂便不是沿着固定的轴线进行的。一种细胞也可以多次分裂，再次分解成多个单细胞生物。我们已经了解，细胞可以分为带有细胞核和没有细胞核的类型。带有细胞核的真核细胞在繁殖时也必须将其分裂，以便每个子细胞都具备自己的细胞核，可以独立存在。这种细胞核的分裂过程被称为有丝分裂。有丝分裂可使真核多细胞生物内的单个细胞通过分裂实现生长和不断更新。不过，对于真正的多细胞生物（如人类），通常需要通过性，也就是有性繁殖来实现后代繁衍。但是，有关这一点我们稍后再详细探讨。

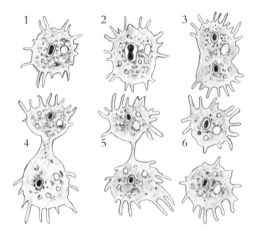

变形虫等单细胞生物通过自我分裂进行无性繁殖，从一个母细胞中产生出基因
完全相同的子细胞（自左上至右下进行分裂）。

鞋匠，请守好自己的本分！

对于通过无性繁殖的生物来说，它们似乎并不介意与母体完全
相同。它们遵循着一条座右铭"不要改变一个正常运行的系统"，或
者说一条德国谚语"鞋匠应守好自己的本分"。那么，我说这些到
底想要表达什么呢？让我们以生活在你肠道中的细菌为例，在这里
温度保持稳定，维持在舒适的 36.5 ℃左右。如果母细菌带着自身
的基因在这种环境中存活下来，那么相同的子细胞也会存活下来，
前提是生活条件不发生变化。可是，情况可能很快会发生变化，例
如当你服用了一剂强效抗生素时。由于所有细菌后代都是完全相同
的，所以在不断变化的生活条件下，它们有可能全部灭亡。遗憾的
是，细胞分裂并不总是完美的，有时在复制基因时会出现错误。这
样的错误被称为突变。当细胞"基因"中的一个字母、一个词或者

整个句子发生变化时，其后代与母细胞便不再相同。如果这些突变在新的基因中被证明是有利的，那么对于单细胞生物来说，这样的突变可能就会成为它们生存的利器。不过，可能需要数百万年的时间才会偶然发生适当的变化。

细菌聚集在一起

细菌（如大肠杆菌）发展出一种机制，通过它可以有针对性地给它们的后代带来更多的个体差异性——它们简单地与其他同类交换 DNA 遗传信息！它们所需要的只是一个被称为性菌毛的小纤维状附属物。我将这个过程想象成一部科幻电影，就像两个太空站对接一样：在细菌的宇宙中，两个这样的"太空站"相遇，它们伸出性菌毛，并通过交换各自的基因进行信息交流。要找到另一个细菌并"协调"信息交换，需要一定的交流能力。化学信息在这里起着重要的作用，但细菌之间的交流是否还存在其他方式呢？

日本科学家想要弄清楚细菌是否会对声音做出反应，甚至是否会自己发出声音与同类进行交流。他们在实验室中用小型培养皿培养了嗜碳芽胞杆菌（*Bacillus carboniphilus*）。在实验条件下，这些细菌迅速形成由许多细胞组成的菌落。令科学家大为惊讶的是，当他们向这个细菌菌落播放不同频率的声音时，发生了意想不到的事情。当声音的频率处于 6~10 千赫兹、18~22 千赫兹和 28~38 千赫兹的范围时，嗜碳芽胞杆菌开始进行细胞分裂，并且菌落不断增长。而更令人惊奇的是，他们发现能够让枯草芽孢杆菌（*Bacillus subtilis* ）这种细菌发送听觉信息的频率范围，也会导致嗜碳芽胞杆菌的"细菌聚集"现象。这难道是巧合吗？科学家们推测，细菌可能会利用声音来刺激邻近细胞进行分裂。当微生物所处的环境发生变化并变得更加"有压力"时，细胞分裂则尤为重要。当细胞进行大量分裂时，会增加在后代中产生一些基因差异的可能性。对我来说，这再次证明了生命体都会发送和接收信息，从而进行交流！

第四章　多细胞生物——真菌和植物的语言

宁静的森林

今天我漫步在森林中，

那里是如此宁静，如此宁静——哦，如此宁静 ！

当我跟随内心的声音，想要感叹：哦，这里是如此宁静！

只有轻轻的呢喃。

克里斯蒂安·莫根斯特恩（Christian Morgenstern）

在我的办公室后面就是一片树林，那里有榉树、橡树和枫树。我们为什么不去散个步呢? 现在正是春天，榉树上的嫩叶将整个森林染成了郁郁葱葱的绿色。地面上覆盖着茂密的苔藓，空气中弥漫着熊韭的香气。与克里斯蒂安·莫根斯特恩的诗歌描绘的不同，森林并不像初听之下那般宁静。这里不仅有风穿梭于树叶间引起的沙沙声，还有雨滴滴落在花瓣上的声音。事实上，像植物这样的生物会有目标地与其周围的单细胞生物、真菌或动物交换信息。本章将一起探讨我们周围的绿色生物每天所使用的交流策略。

典型的植物

在水中的藻类逐渐演变成了能够在水外生存的生物：陆地植物。这些生物已经适应了离开水域独立生存的条件，形成了根、茎和叶子等输送系统。在植物的表面存在接收器（受体），能不断地感知来自周围环境的信息。根据所获取的信息，植物在它们的生长过程中不断重新调整，以获得生存所需的一切。

在我们的森林中，无论是苔藓、草本植物还是树木，它们都具备植物生物的典型特征：固定性、光合作用和坚固的细胞壁。固定性意味着陆地植物不会移动，除了苔藓（它们只有类似根的细胞），植物会通过根系固定在土壤中。光合作用是指植物利用太阳能、二氧化碳、水和矿物质来制造自己的养分。而动物和真菌则无法做到这一点，它们需要依赖其他生物来获取化学能。细胞壁是指除细胞膜外，所有植物细胞还具有一个保护层，它赋予细胞稳定性并防止过多水分流失到周围环境中。植物细胞与真菌和动物一样属于"真核细胞"类型，因此它们拥有真正的细胞核。

漫步植物王国

并非所有的植物都像树木的树干或娇嫩草本植物的茎一样拥有叶子、根和茎。例如，苔藓这一类型的植物相对来说就比较简单，它们还没有像其他"大型"陆地植物那样发展出深入地下的牢固根系。这些苔藓通常只有几厘米高，生长在接近地面的位置，并通过名为假根的类似根的细胞来固定自己。它们需要潮湿的环境来繁殖，通过整个表面来吸收所需的养分。

与大多数苔藓不同的是，种子植物、蕨类植物和石松植物具备了真正的水分和养分的传输系统。这些陆地植物通过根、叶和茎中的导管系统，可以将从土壤中溶解的养分运输到惊人的高度。因此，它们也被称为维管植物。在加拿大西海岸旅行时，我亲眼见过那些令人惊叹的高耸树木。我曾在温哥华岛的麦克米兰省立公园度过了几个星期。这里有一个被称为大教堂林的大片森林区，意思是大教堂的森林。这个名字取得非常贴切，因为在这片森林中，树龄超过800年的道格拉斯冷杉犹如木质的大教堂一样高耸入云，高度能够达到75米。这样巨大的树木树干周长可以达到9米！道格拉斯冷杉与云杉、冷杉和松树一样属于松科植物。

植物的特点是固定在一处，进行光合作用，并拥有坚硬的细胞壁。这是一棵常绿樟树（*Cinnamomum camphora*）的枝条。樟树属于樟科植物家族。

松科植物属于裸子植物，而开花植物则属于被子植物。关于裸子植物和被子植物的种子的细节和区别，我们稍后会更详细地探讨。现在，让我们在森林中稍作停留，来思考一个问题："这些树木可食用吗？还是有毒？"

真菌——不是动物也不是植物

如果你点了一份蘑菇比萨，那么你可以期待一份带真菌的比萨。在科学界，真菌才是蘑菇真正的常用名。最初，自然学家们，如瑞典植物学家卡尔·林奈（Carl Linnaeus），将自然界划分为植物界和动物界。对于真菌，学者长期以来都不太确定它们应该属于哪个分类——甚至一度将这些生物归属为矿物。直到 20 世纪末，仅仅是因为它们固定不动的生活方式，才使得自然学家将它们归为植物界。因为固定不动的东西不可能是动物。多亏了现代生物化学和遗传学方法，随着时间的推移，人类对自然界的多样性有了新的认识。如今我们已经知道：真菌在动物和植物之外拥有自己独特的王国。尽管真菌像植物一样拥有坚硬的细胞壁，但由于一些特征而使得它们与动物更为相近。

其中一项特征是，它们含有一种迄今只在动物中被发现的物质——几丁质。几丁质是一种坚硬的含氮物质，主要为昆虫提供坚固的外壳。几丁质不仅为动物的身体结构提供更多支撑，而且在真菌中也起到了支撑作用。真菌由菌丝构成，就像城市中的街道一样在土壤中穿行。这些菌丝分支扩散，理论上在有利的条件和充足的营养供应下可以无限延伸生长。因此，这些菌丝的网络会呈现出令人不可思议的规模。在本书的开头，我们就已经了解过一种名为奥氏蜜环菌的蜜环菌代表。这是一种生长在地下的真菌，通过它的菌丝网络，在美国的一处国家公园中占据了数百公顷的面积。蜜环菌这个词（在德语中）的字面意思是"屁股的响声"，这个名字可能不仅仅指这种真菌具有通便作用，据说用蜜环菌泡的草药可以迅速缓解痔疮症状，使屁股的"响声"得到"缓解"。

我们通常所说的蘑菇，其实只是真菌的子实体，真正的"真菌"部分位于地下。担子菌的地上部分是由菌丝相互交织形成的，形状各异：有的像球状，有的像伞状。现在，我们已经对植物和真菌有了一个大致的了解，是时候更仔细地研究它们之间的交流方式了。你会发现，单细胞生物、植物、真菌和动物的"交流主题"基本上是相似的。

1. 点一份来尝尝看!

植物实际上没有必要去狩猎，因为它们通常可以通过光合作用为自己提供足够的食物。当然，也有一些例外，有些植物喜欢吞食其他动物，并且为了生存甚至依赖额外的蛋白质摄入。而真菌则别无选择，只能依赖其他生物获取营养物质。与许多单细胞生物类似，真菌经常以死物作为"食物"。它们在森林的地面上繁衍生息，分解树叶、树枝甚至整个树干。例如，高大毛霉（*Mucor mucedo*）特别喜欢面包，而其他真菌则更偏好熟透的水果或动物粪便——我们都知道，众口难调嘛。然而，像多孔菌或火绒菌这样的真菌则是"居住"在活体生物上的。它们是典型的寄生生物，很擅长索取而不善于给予。它们的菌丝侵入植物细胞，从中吸取所需的营养物质，却没有为植物提供任何回报。在我们深入探讨这个话题之前，我想带你去看一场电影——一部关于一株贪婪植物的电影。

花店里的血腥植物

作为一位老电影迷，说到吃或被吃的主题，我会立刻想到弗兰克·奥兹（Frank Oz）执导的电影《恐怖小店》。这部上映于 1986 年的电影，讲述了美国一家花店里一株奇怪植物的故事。这家花店已经亏损了很长时间，店主穆什尼克先生（Mr. Mushnik）以及他的员工奥黛丽（Audrey）和西摩（Seymour）必须想办法，避免花店破产。为了给花店带来新气象并吸引更多顾客，他们引进了一株特别奇异的植物。计划成功了，橱窗里这株奇特的植物确实让穆什尼克先生的花店再次兴旺起来。但是，繁荣并没有持续太久，不久之后这株名为奥黛丽二世（Audrey Ⅱ）的植物便开始萎蔫。西摩竭尽全力照料着老板心爱的植物，但无论是浇水还是施肥都无法让这株植物满意。而可以满足奥黛丽二世的只有一样东西：鲜血！每天摄入这种鲜红色的生命汁液才能使这株植物重新绽放，但它对血液的渴求也变得无法抑制：奥黛丽二世掌控了花店和花店老板的一切。

这真的只是美国电影工厂的科幻作品吗？绝对不是！这里夸张地展示了食肉植物的日常生存方式。这些贪婪的植物通常生长在营养贫瘠的环境中，例如沼泽地、沙质和石质土壤。对于它们来说，单细胞生物、昆虫甚至小型哺乳动物都是用来丰富菜单的美食。众所周知，困境能激发创造力，因此食肉植物配备了各种"捕猎工具"，用来捕获它们的猎物。大多数食肉动物可以依靠肌肉力量找到并追踪猎物，但一棵生长在固定位置的植物如何获取每日所需的肉食呢？如果你不想或无法离开家，但仍需要食物，你会怎么做？除非你像我一样生活在勃兰登堡州的一个乡村，远离所有供应商的送货范围，否则你完全可以打电话叫外卖，他们会把你喜欢的食物送到家门口。你只需要提供一些关于你想要的食物和送货地址的信息，就可以提交订单了。

茅膏菜的故事

食肉植物会毫不拐弯抹角地将食物订购信息发送给它们仍活着的食物——而且通常是全天候的！我将通过两个例子向你解释这一切是如何发生的。第一个例子将带我们来到我家乡附近的一个湖泊，它有一个引人注目的名字叫作魔鬼湖。这个地方位于森林深处，经常浓雾环绕，人们口口相传着关于这个地方的可怕故事。据说，夜晚魔鬼与女巫会在此举行狂欢派对——这里难道不是食肉植物绝佳的生长地吗？！我很乐意带你去看看这个地方，但你必须小心，慢慢地迈出每一步。这里生长着一种不起眼的植物，名为圆叶茅膏菜①（Drosera rotundifolia），它很容易被人忽视。不过，可别被它那无辜的名字欺骗了，因为它正潜伏在茂密的沼泽地等待猎物的到来。

圆叶茅膏菜的叶子上布满了腺体，这些腺体会分泌出一种黏稠的液体。这种黏液在阳光下会闪闪发光，就像露珠一样，它也由此得名。这种闪烁的光会吸引昆虫停在圆叶茅膏菜上，然后就会被黏住无法逃脱。这种黏液就像液体胶水一样，一旦昆虫将它们六只脚中的一只落在了植物表面上，就为时已晚，它们最终将会成为富含

---

① 茅膏菜的德语单词字面直译为太阳露珠。

蛋白质的昆虫点心。而接下来发生的事情简直堪比恐怖电影：圆叶茅膏菜的叶片会慢慢卷曲，将猎物包裹起来，直到猎物被完全消化，消失得无影无踪。

一去不复返

在南美洲的热带雨林中，也上演着一幕幕戏剧性的场景。这里是猪笼草的家园，顾名思义，这些热带植物的外观类似一个猪笼子。这个猪笼子由一片叶子形成，通常装满用于消化活体猎物的液体，一旦猎物掉入其中就会被淹死。猪笼草会通过多种方式来确保它们的猎物真正掉入致命的陷阱中。首先，它们会毫不吝啬地展示视觉诱惑，特别是猪笼草笼蔓的边缘会向昆虫发送明显的视觉信息，这对昆虫来说是真正的"飞蛾扑火"。猪笼草笼蔓边缘的表面反射光不同于叶片其他部分反射光的波长，因此在视觉上明显突出。猪笼草笼蔓边缘的"灯光广告"很有意义：通常花朵中会产生花蜜，但在这种植物中，花蜜就像鸡尾酒杯中的美酒一样黏在猪笼草笼蔓的边缘。一些猪笼草还会采取进一步措施，让其花蜜以及位于猪笼草内的消化液都带有对昆虫来说无法抗拒的香气。这种香气就像是对猎物的邀请，要求它们自己送上门来。对于猪笼草来说，花蜜还有另一项重要的功能。

位于猪笼草笼口边缘的细胞相互重叠，形成了一系列向内延伸的小台阶。当花蜜均匀地覆盖在这些台阶上时，猪笼草笼蔓的边缘表面就变成了一个完整的滑梯。当与雨水结合时，这些覆盖着花蜜的台阶对昆虫的足部产生的效果，类似于道路上的积水对汽车轮胎产生的影响。道路上的积水会降低轮胎与道路的摩擦力，使车辆打滑。而这种水漂效应也会让猪笼草上的猎物陷入困境。一旦猪笼草通过甜美的诱饵吸引并让潜在的猎物滑倒，那么它们的命运就几乎已经注定。这条甜蜜的路径是条单行道，直接通向猪笼草笼蔓的深处。在这里，即使是专业登山运动员也无力回天，因为猪笼草笼蔓内壁太光滑，无法为昆虫的足提供支撑。而猪笼草顶部的盖子则降低了猎物在光滑的壁上逃脱的可能性。

这些热带食肉植物在消化猎物方面也做好了充分的准备。它们可以容纳高达 2 升的致命酸性液体和消化酶用于消化猎物。而猪笼草笼蔓中的肉质诱饵则吸引了更多的客人，例如蚂蚁中的弓背蚁（*Camponotus schmitzi*）。弓背蚁可以在二齿猪笼草（*Nepenthes bicalcarata*）光滑的表面上行走。更令人惊奇的是，弓背蚁甚至可以在猪笼草的消化液中安然无恙地待上 30 秒，甚至还可以在消化液中潜水。对于这种蚂蚁来说，猪笼草笼蔓内就像一个美食天堂，因为时常有许多昆虫会掉入其中，而猪笼草根本消化不了这么多。然而，这些蚂蚁很挑剔，只对个头特别大的昆虫感兴趣，例如猎蝽、蟑螂或其他蚂蚁。弓背蚁会通过团队合作，将猎物运送到离猪笼草下缘 5 厘米的地方。在那里，弓背蚁会安静地将猎物解剖并将残骸再次扔进猪笼草的消化液中。

对于弓背蚁来说，二齿猪笼草不仅是一个可靠的食物供应商。二齿猪笼草的笼蔓还为它们提供了一个安全的巢穴建造地点。那么猪笼草从这些偷食食物的蚂蚁身上又得到了什么呢? 蚂蚁知道该怎么做，以典型的共生方式为它们的宿主提供服务——清理和整理! 未消化的食物会怎样，你可能亲身经历过：腐烂并散发出难闻的气

　　　　　　　　森林不寂静 | 动植物如何交流

味。而蚂蚁定期清理的行为则有助于控制猪笼草中残余的腐败食物数量。英国剑桥大学的生物学家在实验中发现，有弓背蚁定居的猪笼草，其捕获的猎物差不多是没有这些蚂蚁邻居的同龄猪笼草的2倍。这主要是因为蚂蚁清理了猪笼草边缘的昆虫残骸或其他污垢，从而保证了"水漂功能"有效。

现在，我们再来接着聊聊猪笼草，因为我认为它是展示植物和动物之间互动最奇妙的例子之一。马来王猪笼草（*Nepenthes rajah*）只生长在印度尼西亚的婆罗洲，是食肉植物中一个特别有趣的品种。它们如此有趣，以至于法兰克福的森肯堡生物多样性和气候研究中心的一个团队用了413.5小时的录像材料来对它进行深入研究。科学家在婆罗洲的热带雨林中拍摄了42株"成年"猪笼草，并惊讶地发现这些植物经常受到小型哺乳动物的光顾。平均每4小时就会有一只山地树鼩（*Tupaia montana*）或巴鲁大家鼠（*Rattus baluensis*）靠近这些猪笼草。那么，山地树鼩和巴鲁大家鼠为什么会对猪笼草感兴趣呢？或者换个问题，猪笼草对这些体长可达20厘米（不包括尾巴）的哺乳动物有什么吸引力呢？

实际上，在一株被研究的猪笼草中还真发现了一只死去的山地树鼩。研究人员并不满足于视频记录。他们在实验室中仔细研究了猪笼草所释放的香气，并从猪笼草的盖子上采集了样本。在这些样本中，他们发现了超过44种不同的气味成分！这些气味的混合物产生了一种介于甜水果和花朵之间的气味，恰好刺激了小型哺乳动物的化学信息的感知系统。此外，研究人员观察到山地树鼩和巴鲁大家鼠喜欢在猪笼草中排泄。这些动物的粪便和尿液又会吸引苍蝇和蚊子。所以，猪笼草的主要目标是吸引昆虫作为食物，而不是那些更难消化的山地树鼩——但是，谁又能知道印度尼西亚雨林中隐藏了哪些秘密呢！

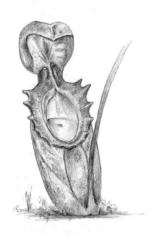

南美洲热带雨林中的猪笼草也是食肉植物。它的一片叶子形成了一个容器，里面充满了可以消化昆虫的液体。被捕获的猎物一旦在猪笼草边缘光滑的表面上滑倒，便无法自行逃离这个容器。

真菌也加入了捕猎者的行列

接下来，我们将进入神秘的地下世界，讲述一个我第一次听到时也感到难以置信的故事。在这个黑暗而安静的地方，我们将遇到一对非常不同寻常的伙伴：真菌和线虫。它们之间的交谈也涉及"食物"这个话题，但我打赌你一定会对它们的交流方式感到惊讶！同样，正是因为营养缺乏，使得这些发讯者变成了掠食者，而且——这可能让你感到意外——凶手并不是线虫！至少有 160 种真菌具有掠食性，并以线虫为目标。但真菌是如何征服线虫的呢？

我们应该还记得真菌是由菌丝组成的。一些真菌利用这些菌丝构建了埋藏在土壤中的捕食陷阱，类似中国绳结魔术 ② 的工作原理。菌丝最初松散地分布在土壤中，一旦无辜的小虫陷入其中，菌丝的厚度就会发生变化。就像套索一样，真菌的细胞壁会越来越紧地缠绕住挣扎的猎物。我们可以说，是线虫自己不看路才会自投罗网的。例如，当附近有指状节丛孢（*Arthrobotrys dactyloides*）这种真菌存在时，名为全齿复活线虫（*Panagrellus redivivus*）的线虫别无选择，只能爬入陷阱中。至少有 23 种真菌能够释放出气味，指状节丛孢就是其中之一，这些气味会导致收讯者产生行为改变，并直接吸引小虫落入陷阱！

菌根——真菌与植物之间的友谊

在植物和真菌之间，获取食物不一定会以溺死和勒死而告终。在这里也存在两种不同生物之间和平相处的情况——共生。其中，发生在真菌和植物之间最著名的"爱情故事"被称为菌根。科学家推测，超过 80% 的陆地植物会与真菌进行一种交换，并且这种关系存在已经超过 1.2 亿年。根据真菌与植物结合的方式，我们将其分为外生菌根和内生菌根。

外生菌根的真菌伙伴会用它们的菌丝包裹住植物伙伴的根细胞，有时甚至会进入细胞之间的间隙。在这种菌根中，根细胞之间形成的真菌细胞网络被称为哈氏网。通常，像毒蝇伞或牛肝菌这样的担子菌，会与同纬度地区的树木（如松树或橡树）以外生菌根的形式结合在一

---

② 它的外形像一根空心管子，玩家将自己的左右食指同时伸入管子的两头之后，手指就会被牢牢卡住，拔得越用力，卡得就越紧。

起。相对的，内生菌根更常见于真菌与兰科植物之间。在这种情况下，真菌的菌丝会穿透植物的外部根细胞，形成椭圆形结构。在理想情况下，植物将营养物质传输给真菌，而真菌则帮助其植物伙伴从土壤中吸收水分和其他营养物质。真菌通过其细小的菌丝增加了植物根部的表面积。尤其在"紧张"时期，真菌对植物来说是一个可靠的伙伴，例如它可以增强植物对干旱的耐受性，并提高植物对害虫的抵抗力。

真菌甚至可以帮助它们的共生伙伴排除毒素。例如，它们释放出一些小分子到土壤中，这些分子可以捕获并结合重金属之类的物质。说到结合，真菌和植物是如何找到彼此，并建立一种持续一生的和谐菌根关系的呢？或许你已经猜到答案了：交流，交流，更多的交流！例如，红鳞口蘑 (*Tricholoma vaccinum*) 是一种具有菌根共生关系的真菌，从生物交流的角度来看，这种现象非常有趣，因为它能够"说"它宿主植物的语言。这种蘑菇与混合林和针叶林中的树木建立共生关系，其中包括欧洲云杉 (*Picea abies*)。德国耶拿大学的微生物学家发现，这种真菌能够产生一种名为"吲哚 -3- 乙酸"的化学物质，这种物质在植物生长发育中起着重要作用。当红鳞口蘑想要"劝说"其树木伙伴的细胞生长时，它们会释放吲哚 -3- 乙酸。随着树木细胞数量的增加，真菌能够更好地与其共生伙伴形成连接，并从中获取营养。而红鳞口蘑也会对它的树木伙伴释放的吲哚 -3- 乙酸做出反应：红鳞口蘑的菌丝会延长并形成更多的分支。菌丝的分支越多，红鳞口蘑与它的树木伙伴之间通过哈氏网的连接也就越紧密。正是由于真菌和植物之间的这种积极对话，森林作为生物栖息地才得以在过去的数百万年中持续存在。

2. 植物自助餐

植物在许多生物的菜单上占据重要地位，因此它们处于食物链的最底层。相比之下，大多数动物可以选择战斗、逃跑或假装死亡来应对威胁，但定栖的真菌和植物只能选择战斗！许多植物配备了一套由尖刺、荆棘或毒素组成的武器库，它们勇敢地投入战斗，并且能够抵御各种大小的食草动物的攻击。当一切都无济于事时，那些特别善于交流的植物会立即发送化学信息，以召唤动物增援。

植物投身战斗

植食动物并非不了解自己所面临的情况。这些绿色生物公开展示出它们的武器，明确传达着"不要再往前一步，否则要你好看"的信息。许多植物拥有锋利的叶片，就像锯齿一样。刺蓟、仙人掌或荨麻则会通过尖刺或刺毛将不速之客挡在它们的茎和叶之外。通过硅酸的加固，这些细毛就像小矛一样坚固，保护植物堡垒免受蜗牛或毛虫等攻击者的侵害。

我们可能都亲身经历过这些防御机制：荨麻的灼热细毛实际上是一种腺体细胞，其构造非常有趣，使其成为有效的武器。腺体细胞的末端有一种圆形的头，触摸时容易折断并留在攻击者的皮肉中。这时，这种小圆形头部还会释放一种混合了化学物质的混合物，会引起令人不适的灼烧感。许多其他植物也会使用化学武器，尤其是春季开花的植物。因此，在三月、四月和五月这三个月里，当藏红花和铃兰等迎接春天时，我们在森林中要特别小心。若食用了铃兰的花和果实，甚至是对人类也可能构成危险，会引发腹泻、头晕，在极端情况下会导致心脏停止跳动。下面将以花卉植物拟南芥

（*Arabidopsis thaliana*）为例，向你展示植物如何有针对性地利用化学武器来抵御它们的敌人。

拟南芥的窃听行动

拟南芥是一种常见的十字花科植物，在许多地区都能找到。菜粉蝶（*Pieris rapae*）的幼虫非常喜欢啃食拟南芥的叶子，但植物对此并非束手无策！植物会积极抵御幼虫的侵害，通过发送"离开这里"的化学信息来回应。

美国密苏里大学的科学家在实验室中进行了一项研究，试图解释拟南芥是如何"察觉到"幼虫在啃食叶子，并立即做出防御反应的。植物真的能够通过叶子被啃食时的声音来识别幼虫的侵害吗？

科学家首先录制了拟南芥受到幼虫啃食的声音，然后他们通过小型扬声器给 22 株尚未受到侵害的测试植物的特定叶片播放了这些声音。在对照实验中，他们给另外一组测试植物也安装了类似的扬声器，但这些扬声器是静音的，没有播放任何食草动物的声音。经过 2 小时的幼虫啃食听觉体验后，与未被播放声音的对照植物相比，实验室中的测试植物确实产生了含量更高的化学防御物质。叶片上的"接收器"对压力非常敏感，它们能够区分是谁或是什么造成了它们上面的机械振动。因此，在进一步的实验中，通过风引起的拟南芥叶片振动并没有引发类似的防御反应。与幼虫的咀嚼声不同，风在叶片间形成了一种完全不同的声音模式。

但是，如果有与小菜蛾幼虫相似的声音呢？比如蝗虫的交配召唤声，从声音的角度来看与幼虫的咀嚼声相似，但植物却能将其视为无害，并没有引发类似对幼虫的防御反应。面对着幼虫的威胁，

森林不寂静 ｜ 动植物如何交流

我们的下一位选手也不得不采取应对措施，并且它还发展出了一种独特的交流策略。

烟草的呼救

为了抵御永不满足的幼虫等天敌，许多烟草植物都会使用神经毒素尼古丁进行自我保护。尼古丁能够让幼虫麻痹，或者让它们对烟草的食欲彻底消失——毕竟，谁会愿意咬一口旧烟蒂呢？当然，在掠食者和猎物之间的竞赛中，总有一些动物会找到诡计和窍门，绕过植物的防御机制。例如，对于烟草天蛾（*Manduca sexta*）的幼虫来说，尼古丁似乎毫无效果——它们简直对尼古丁上瘾，最喜欢以烟草的叶子为食。渐狭叶烟草③（*Nicotiana attenuata*）是一种在生物交流方面特别引人注目的烟草植物，它与马铃薯或番茄一样属于茄属植物。面对烟草天蛾幼虫的袭击，渐狭叶烟草并不会坐以待毙——它直接改变了自己的防御策略！

根据唾液的特征，渐狭叶烟草能够分辨出正在攻击它的食草动物。当烟草天蛾的幼虫啃食叶子时，它们唾液中的化学物质就会成为触发烟草植物叶片中生化反应的信号。这些反应会导致渐狭叶烟草释放出一些让幼虫感到消化困难的物质，让它们的消化系统无法正常运作。如果这样还不能制止幼虫，或者还有其他的食草动物也加入进来，烟草植物就会发出化学信息，呼叫援助。这些呼救信息主要是针对刺蝽和黄蜂的，它们便知道该怎么做。刺蝽会立即行动，不仅吃掉烟草天蛾的卵，还会消灭掉其他令人讨厌的食草动物，

---

③　也叫郊狼烟草。

如跳甲和半翅目昆虫。而黄蜂会将它们的卵产在烟草天蛾幼虫的体内。一旦黄蜂的后代孵化，它们立即就能找到丰盛的食物。像玉米和金甲豆这样的植物，在对抗讨厌的害虫时也会寻求动物的支援。当金甲豆④（*Phaseolus lunatus*）受到了像二斑叶螨（*Tetranychus urticae*）或山楂叶螨（*Tetranychus viennensis*）这类叶螨的侵害时，它会通过化学信息来向叶螨类的天敌求救。叶螨类的天敌如智利小植绥螨（*Phytoseiulus persimilis*）和西方盲走螨（*Metaseiulus occidentalis*）都很喜欢吃叶螨，所以它们非常乐意接受金甲豆的邀请。

让我们继续来看烟草，因为还有其他昆虫在困扰着它，其中包括烟芽夜蛾（*Heliothis virescens*）这种飞蛾。雌蛾将它们的卵产在烟草上，一旦幼虫孵化，它们便立即开始狼吞虎咽地大吃烟草叶子。这些贪婪的幼虫当然也逃不过烟草的注意：它们不仅有自己独特的移动方式，它们唾液的成分也会告诉烟草它们是不速之客。面对如此众多的贪婪幼虫，烟草会直接与所有烟芽夜蛾"准妈妈"进行交流。实验揭示了烟草与烟芽夜蛾之间的交流内容：一株被幼虫侵害的烟草会在夜间释放出化学信息物质，通知更多已成熟的同种雌蛾离开受感染的烟草，雌蛾更愿意将自己的卵产在尚未受感染的烟草植株上。烟草发送的信息可以大致解读为："我是一株烟草植物，你们同类的幼虫正在啃食我的叶子。"烟草发出的这种沟通信息似乎对雌蛾也有好处——植物免受更多幼虫啃食的伤害，而雌蛾也能

---

④ 又叫棉豆、雪豆、大白芸豆、香豆。

更快地找到适合孵化后代的地方。提到"后代"，我们直接进入下一个主题，这也是许多植物和真菌交流"待办事项"中的重要议题。

3. 有性或是无性

真菌和许多类型的植物可以选择无性或有性繁殖，因此它们面临着"有性或是无性"的选择。但这究竟意味着什么呢？我们已经在单细胞生物中了解到了无性繁殖的方式：通过分裂、出芽或剥离，一个细胞可以繁殖出更多的细胞。不过，在此之前，所有的细胞组成部分，包括自身的基因构成都必须被复制，以确保每个子细胞都具备生存所需的一切。这样，由母细胞产生的后代就会完全遗传相同的基因。一个细胞在其分裂过程中不需要与其他细胞进行交互，因此也不存在性别的概念。"性别"一词源自拉丁文 sexus，简单地表示生物的性别。因此，有性繁殖也被称为有性别的繁殖，不仅仅是在人类中，这种方式足以成为沟通的充分理由。

两个性细胞相遇

相比无性繁殖，有性繁殖有一个明显的劣势：需要更长的时间！一个有性繁殖的生物必须首先达到性成熟，在大多数情况下需要发育出雌性或雄性"硬件"。在雌性生殖器官中形成雌配子[5]（卵细胞），在雄性生殖器官中形成雄配子（精子）。只有当这两种不同的性细胞融合在一起时，才能孕育一个新的生命体。为了达到这个目标，性细胞在形成过程中通过减数分裂将基因减半。可是，雌性

---

[5] 配子是指生物进行有性生殖时由生殖系统所产生的成熟性细胞。

卵细胞与雄性精子的融合只是有性繁殖的一种方式。在像真菌这样的简单构造生物中，我们不会找到"雄性"和"雌性"，取而代之的是多达数千种不同的性别。这些性别被称为交配类型，它们产生的性细胞在外观上没有明显区别，不像卵细胞和精子那样有差异。因此，真菌的性细胞不是以"雄性"和"雌性"来区分，而是以"正"和"负"来区分的。当两个不同交配类型的性细胞（一个正号细胞和一个负号细胞）融合时，就会形成一个新的真菌后代——它的选择非常多！

自然界如何从真菌的数千种交配类型，演化到植物和动物只有两种性别的情况，这个问题至今仍然让科学家感到困惑。关于有性繁殖的意义，仍然没有得到明确的解答，因为性的结合并不是一件轻而易举的事情——正如前面所说，有性繁殖需要时间和资源。尽管如此，有性繁殖仍然得以演化发展的一个重要原因，就是它能够创造丰富多样的后代。通过两个性细胞的融合，每个细胞又携带着一半的遗传信息，新的细胞则拥有完整的遗传信息，各种特征的表现形式，比如花的颜色，会以全新的组合方式出现。这样一来，每个后代都成为独一无二的存在，就像生命抽奖中获得的独特个体（当然，除了同卵双胞胎）。由于后代的多样性，即使在环境条件发生变化时，仍可能有一些个体适应新环境并能够存活下来。这种重新组合的机制是地球上生物多样性的关键。然而，并非所有的遗传组合都能够成功融合在一起，例如蜗牛和大象之间由于解剖结构的差异就无法进行繁殖。即使这对不同的配对设法成功地将性细胞结合在一起，那么两种如此不同的基因又会产生什么结果呢？新生命应该根据哪种信息进行构建，是根据"蜗牛"的基因还是"大象"的基因？因此，只有同一物种的生物之间可以相互进行繁殖：狗与狗，猫与猫，猴子与猴子。在我们谈及动物间的性别交流之前，我们需要再次回到植物和真菌。

植物的授粉——花粉如何传播到柱头上？

在种子植物中，当雌性卵细胞与雄性精细胞融合时，就会诞生新的生命。种子植物也正是由此得名，因为它们能够产生用于繁殖的种子。花园里的紫杉和崖柏，或者圣诞树（高加索冷杉）都属于"裸子植物"。与会开花的被子植物不同，裸子植物的种子没有被包裹在子房内，因此它们被称为"裸露"的种子。回想一下苹果，苹果核里面的种子就是被果肉保护起来的。而对于被子植物来说，为了能够形成如苹果这样的果实，雄性花粉必须与雌蕊的柱头结合，柱头中有卵细胞。植物可以自行授粉，例如当花朵闭合时，花粉会掉落在柱头上。但是，通过风或昆虫传播花粉的方式更为重要！当花粉成功到达目标时，它会长出一个花粉管直接延伸到卵细胞，并释放出精细胞。卵细胞和精细胞结合，便产生了我们所熟知的果实，也就是新的后代。当果实成熟且种子准备好进行传播时，果实的外观便会发生变化。通过这种方式，不仅人类知道何时可以品尝到甜美的樱桃，紫外线范围内的颜色变化也向许多鸟类发出信号，表明现在是采摘水果的时候了。鸟儿吃掉果肉和种子，然后从一个地方飞到另一个地方，通过它们的消化系统将种子完整地排泄出来。这样，新的植物便有了机会在其他地方生长。

花卉的奖励诱惑

开花植物找到了一种方法，由动物来充当"爱情使者"，将它们的性细胞结合到一起。由于涉及生死存亡，它们采取了各种疯狂的策略来吸引昆虫传粉。开花植物不仅通过颜色、形状和表面结构提供视觉信息，还散发出芳香气味来吸引传粉者——哪只蜜蜂能够抵挡这种诱惑呢？花朵的形状和颜色与动物之间形成了紧密的"交流"，这往往是为了迎合特定的传粉者物种。有些花朵只有单一的颜色，但大多数花朵都有两个强烈对比的颜色。这种反差经常出现在给传粉者的甜蜜奖励附近——花蜜。就像地图上的标志一样，传粉者可以根据花朵的图案准确地找到它们要寻找的东西。此外，花朵上的圆形或椭圆形斑点也起到了视觉信息的作用，有助于传粉者在花朵上迅速定位。

一个很好的例子就是野胡萝卜（*Daucus carota subsp. carota*）的鲜明斑点图案。它的花朵通常是白色的，但花序中心有一个深色的斑点。这个斑点形状与小昆虫的轮廓非常相似。实验证实，果蝇更倾向于降落在有斑点的野胡萝卜上，而不是被移除了斑点的野胡萝卜上。显然，野胡萝卜通过其在昆虫中的受欢迎程度来"吸引"顾客，并传递着"看这边，这里有高品质的商品，其他顾客也在购买"的信息。实际上，许多植物就像精明的"商人"，努力迎合顾客的需求。有些开花植物会发出信号，表明它已经被传粉者访问过，并且不再有"授粉需求"。它们会简单地改变花朵的颜色，或是减少为传粉者提供的花蜜奖励。好了，现在让我们飞往非洲，去看看一种变形植物吧。

山蚂蟥——植物界的变形者

下面要介绍的豆科植物山蚂蟥（*Desmodium setigerum*），它在授粉方面是一个非常有趣的例子。山蚂蟥主要分布在非洲地区，它的花朵传粉需要一种特殊的机制。山蚂蟥花朵的形状像是在下部为传粉昆虫搭建了一种类似着陆平台的区域。一旦传粉者（如蜜蜂）降落在上面，它们便可以在这里安静地寻找花蜜。不过，真正的传粉过程需要昆虫找到通往花朵内部的"暗门"。因此，当传粉昆虫运动时，会触发一种倾斜机制，迅速暴露柱头和花药。这种倾斜机制在其他豆科植物中也存在，但对山蚂蟥来说却有着特殊的功能：它充当着一种内置的访客计数器！

一旦昆虫触发了这一机制，花朵的颜色会在一瞬间从紫色变为白色，然后变为青绿色。此外，上部花瓣会缓慢地覆盖住裸露的柱头和花药。因此，授粉后的花朵外观与之前完全不同，这个信号表明花朵已经被授粉，而且现在商店已经关门了。如果你对植物的这种反应感到惊讶，那么请继续读下去，还有更多令人惊奇的内容等着你呢！通常情况下，蜜蜂的一次访问就足以充分传粉。但是在某些情况下，由于花柱上的花粉不足，所以需要二次授粉。在这种情况下，已经被访问过的花朵会再次打开，重新展示出柱头。它们会通过外观的"打开"信号来宣告二次传粉的可能性：花朵的青绿色变得更加明亮鲜艳，甚至有时会再次转变为最初的紫色！可是，为什么山蚂蟥如此重视向传粉昆虫展示它们应该飞向哪些花朵，而不应该飞向哪些花朵呢？是因为时间有限吗？实际上，它们的花朵只能绽放一天！

爱尔兰国立大学的科学家达拉·斯坦利（Dara A. Stanley）及其团队发现，大多数山蚂蟥的花朵在下午2点左右就已经被至少一种传粉昆虫访问过了。最迟到晚上6点，几乎所有实验植物的花朵已经都触发了授粉机制。通过形态变化的策略，这种植物能够有针对性地引导授粉昆虫接近它，这样就确保了即使时间紧迫，所有花朵也能充分授粉——这真是太巧妙了！

欺骗爱情

蜂兰属于兰科植物，它们采用一种特殊的策略来吸引传粉者。它们会伪装！它们的花朵通过发送虚假的视觉和化学信息欺骗收讯者。蜂兰会用花朵的形态和花色模仿雌性昆虫，但这还不够。同时，它们还释放出一种化学信息，类似于雌性昆虫在寻找雄性伴侣时释放出的信号。在地中海地区，有一种蜂兰（*Ophrys holoserica*），它的花看起来就像是一只双翅展开的、非群居的长须蜂（*Eucera nigrescens*）的雌蜂。这种植物的花朵通过完美地模仿雌长须蜂，成功地吸引了雄长须蜂的注意，并使它们停在花朵的下半部，也就是通常称为下唇的部分。一旦雄长须蜂降落在兰花上，它们会立即开始进行典型的交配动作。而蜂兰正是利用这一动作来触发类似开关的传粉机制。

雄长须蜂的位置正好在花朵上方的花粉囊的下面。当雄长须蜂移动时，一阵花粉雨就会洒落在它们的背上。通过昆虫在花朵上的活动，不仅蜂兰的花粉会附着在这些传粉者的身体表面，同时也使这株蜂兰得到了另一株蜂兰的花粉。这只雄长须蜂如同掉进了陷阱：先是被虚假的信息吸引，然后又被花粉砸中！田野实验表明，

　　　　　　　　　　　　　　　森林不寂静｜动植物如何交流

雄长须蜂很快意识到这不是真正的雌蜂。它们在被蜂兰的花朵欺骗一次后，便不会再重复上当。

这种"伪装"策略在生物学中被称为拟态。我们可以将其想象成一个三角通信系统。有一个发讯者以另一个发讯者为模板，还有一个被欺骗的收讯者。在蜂兰的例子里，植物是发讯者，雌长须蜂是模板，雄长须蜂是被欺骗的收讯者。除了蜂兰的性诱骗行为，植物还会假装成其他物体。让我们来看看红花头蕊兰、风铃草和切叶蜂（*Chelostoma fuliginosum*）之间的交流都涉及哪些主题吧。

蜂兰是兰科植物，它们通过花朵的形状和颜色模仿雌长须蜂。这样可以欺骗单身的雄长须蜂，使其在兰花的下部进行交配动作。

红花头蕊兰的故事

生长在德国的红花头蕊兰（*Cephalanthera rubra*）也是兰科植物家族中的一员，这种植物具有反射红光的色素，能使其花朵呈现出红色。对于人类来说，红花头蕊兰与通常呈蓝色、紫色或白色的风铃草花朵在颜色上有明显的区别。不仅颜色不同，花朵的形状也使我们不会将红花头蕊兰和风铃草混淆。但如果我们戴上眼镜，从像切叶蜂这样的传粉昆虫的视角来看世界，我们可能也会难以区分红花头蕊兰和风铃草。蜜蜂无法感知红色光的波长范围，所以从它们的视角来看，桃叶风铃草（*Campanula persicifolia*）在颜色上与红花头蕊兰非常相似，难以区分。这种存在于植物之间，我们的视觉无法察觉的相似性并非偶然！红花头蕊兰在模仿风铃草，因为风铃草拥有红花头蕊兰所缺少的东西：花蜜。因此与蜂兰不同，这种兰花进行的不是性诱骗，而是一种所谓的食物诱骗。之所以称之为食物诱骗，是因为它通过花蜜来吸引传粉者，但实际上并没有为传粉者提供这种甜蜜的奖励！雄切叶蜂实际上被骗了，并在没有得到回报的情况下为红花头蕊兰传授粉。这个故事再次向我们展示，自然界中信息交流的奥妙远超出我们的想象。在研究生物交流的过程中，从收讯者的角度看问题总没错——谁知道在植物王国中我们还会遇到哪些其他的"骗子"呢！

为什么真菌会使蚂蚁爆炸？

在真菌的繁殖过程中，有许多物种既进行有性繁殖，也进行无性繁殖。在土壤中，真菌的菌丝通过有丝分裂和后续的分裂或出芽进行繁殖。此外，真菌还可以形成小型、移动性较强的细胞团。这些细胞团也被称为孢子，它们可以在不利的生存条件下存活，并在其他地方发展成新的菌丝。真菌也可以通过孢子进行有性繁殖，然而这些孢子，就像有性繁殖的性细胞一样，只携带了一半的基因，只有与同一种类的另一个性细胞融合才能成功进行有性繁殖。不同真菌群体的有性繁殖过程可以有很大的差异。作为例子，我想给你分享一个我童年的小故事。

　　当我走在森林里时，不小心踩到了一种名为马勃的真菌。作为对我的踩踏行为的回应，从那个小小的真菌中喷出了一团云雾，这就像我们用力按压婴儿爽身粉罐子时的效果一样。现在我知道了，那个"真菌粉"实际上并不是粉末，而是由一半真菌基因的孢子组成的云雾。马勃在古德语中被称为"狐狸屁"，可能是因为它在释放孢子时的声音类似狐狸放屁的声音。风或动物会将孢子传播到几千米远的地方，然后在一个新的有利环境中发芽。这些孢子首先通过分裂形成菌丝，而菌丝也只具有一半的基因。为了让一个新的带有菌柄和子实体的马勃再次生长出来，需要两个不同性别孢子的菌丝相融合。我们之前说过：在有性繁殖方面，真菌有很多选择的困扰，因为它们不仅有两种性别。那么，它们是如何找到自己的"伴侣"的呢？不同性别的菌丝通过释放化学信息相互吸引，从而找到彼此。但有些真菌在繁殖过程中需要其他生物的帮助，例如蚂蚁。

　　接下来的故事，将带我们进入巴西的热带雨林。在这里，我们遇到了一种拉丁文名字很绕口的真菌——偏侧蛇虫草菌（*Ophiocordyceps unilateralis*）。偏侧蛇虫草菌属于蛇形虫草科的真菌，俗称 Zombi ant fungi，也就是僵尸蚂蚁真菌。它们获得这个别名并非没有道理，因为它们会通过控制小蚂蚁的大脑来帮助自己进行繁殖！这种蛇形虫草真菌的孢子，随着食物进入弓背蚁的体内，在那里有萌芽的理想条件。随着时间的推移，真菌的菌丝网覆盖了整个蚂蚁，包括其神经系统。当真菌到达蚂蚁的头部时，它就控制了蚂蚁，并使其完全丧失意识。来氏弓背蚁（*Camponotus leonardi*）通常生活在高达 20 米的树冠中。可是，如果这种蚂蚁受到"僵尸蚂蚁真菌"的感染，它们会有意识地寻找位于离地面约 25 厘米的叶子。我们为什么对此能这么确定呢？因为在偏侧蛇形虫草真菌的死亡控制下，受感染的弓背蚁会疯狂地咬住叶子，留下明显的痕迹。一旦蚂蚁被真菌感染，它将完全瘫痪，结局只能是成为"僵尸蚂蚁"：蚂蚁的头部会爆裂，因为真菌子实体在压力下从蚂蚁的体内生长出来！这还不够恐怖吗？真菌能够精确控制弓背蚁的行为，使它们选择停留在适合真菌生长的叶片下，以避免雨水的侵袭，而这些叶片下恰好又是同类蚂蚁经常经过的路径。这样一来，"僵尸蚂蚁真菌"的孢子就可以直接从感染蚂蚁的头部落到下一个受害者身上。好吧，旅途愉快！

4. 亲爱的邻居

森林中的树木 ⑥

长久相伴的树木，

渐行渐远，疏离渐生，

松树，甚至有时橡树，

皆渴望逃离；

然而根深蒂固，与土地相连，

根须纵横，扎根深处，

只得如士兵般坚守，笔直挺立，

无法实现逃离的愿望。

海因茨·埃尔哈特（Heinz Erhardt）

---

⑥ 本文引自《再来一首诗》。

在这一章中，我们探讨了植物之间的交流，这个主题引用了海因茨·埃尔哈特创作的诗歌《森林中的树木》。在我们的视线之外，植物的根茎深入土壤，与各种各样的邻居相遇。特别是通过化学信息，地下生物的交流变得异常活跃！单说拟南芥就能释放出 100 多种化学物质，以便与周围环境进行交流。然而，并非所有的地下交流都是和平的。在地面上，植物之间也可能发生冲突，例如当它们的叶子被风吹动时会相互触碰。正如你所见，即使在森林中也要遵守一句格言："爱你的邻居，但不要破坏界限！"

辣椒和罗勒——完美组合！

有些人我们就是无法与其和睦相处。我们不愿与他们过于接近，更不愿成为他们的邻居。在植物王国中，情况也大致相同。有经验的园丁会了解相邻植物之间可能产生的积极和消极影响。在种植植物时，我们也要考虑哪些植物能够相互协作，而哪些植物则相反。例如，洋葱不喜欢豌豆，而茴香则与之相处得非常愉快。这是为什么呢？植物会通过它们的根共享土壤，并竞争有限的营养物质。因此，有些植物比其他植物更具侵略性，占据更多的空间，甚至释放对邻居有害的化学物质。普通胡桃（*Juglans regia*）就是这样一个"坏邻居"，因为它的根系会释放出肉桂酸，进而阻碍其他植物的生长。

但在植物王国中也存在好邻居！罗勒（*Ocimum basilicum*）就是一个好邻居，至少对辣椒（*Capsicum annuum*）来说是这样的。罗勒会释放出化学气味物质，阻止杂草在其周围发芽和生长。它会保持土壤湿润，对于辣椒来说就像一个天然的护根卫士。澳大利亚西澳大学的科学家在一项研究中对辣椒和罗勒之间的交流进行了详细研究。在存在罗勒的情况下，研究人员在不同条件下进行了辣椒种子发芽实验。第一组实验中，植物有机会通过地上和地下的通道交换空气和土壤信息。在第二组实验中，这种交流被阻断，两个邻居之间的交流被完全隔离。结果令人惊奇：在这两组实验中，当存在罗勒时，辣椒种子的发芽情况要比没有罗勒存在的情况下更好。至于为什么会这样，以及辣椒如何在不与其接触的情况下"知道"附近有罗勒，目前还不得而知。

玉米更喜欢独处

植物是研究生物交流的理想对象。它们可以在实验室的受控条件下进行培养，并且对环境变化反应非常迅速。除了烟草植物，玉米也是研究植物间地上和地下交流的热门对象之一。

瑞典乌普萨拉大学的科学家提出了以下问题：当两株玉米植物的叶片接触时，是否会在土壤中释放出能够被其他距离较远的同类植物感知的化学物质？为了回答这个问题，研究人员在实验室中进行了一项多阶段实验。首先，他们让两株玉米植物的叶片接触，模拟在玉米田中两株植物之间自然发生接触的情况。如果这种接触在地下也引发了反应，那么相互接触的植物在土壤中也应该释放出用于交流的化学物质。随后，研究人员对年轻的玉米植株进行了选择性实验：它们更倾向于向着之前与其他植株接触过的土壤方向生长吗？还是更偏爱之前没有任何玉米植株与之接触过的土壤？事实上，年轻的玉米植株更倾向于将它们的根系延伸到未经接触的邻近土壤中。显然，通过地上的接触，确实在土壤中传递了化学信息，向玉

森林不寂静 | 动植物如何交流

米植株传达了地上同类植物的分布情况。我们已经从树木那边知道，树木在与相邻树木接触后便不再扩展树冠。

植物会给邻居发出警告

并非所有植物都像玉米一样孤僻，也不会像胡桃那样释放对邻居有毒的物质。1983 年，科学家在一片森林中观察到，锡特卡柳（*Salix sitchensis*）受到了食草动物不同程度的侵害。与那些远离已经受侵害柳树的同类植物相比，生长在其附近的柳树更健康。类似的观察结果也出现在加杨（*Populus canadensis Moench*）或糖槭（*Acer saccharum Marsh.*）身上。植物是否真的会利用团体的力量，当有害虫的威胁时会互相警示？或者换个角度问：这些真的是受害树木主动发出的警示信号，还是邻近植物对受伤同类植物的化学反应进行的监听？这些问题很有趣，但也很难回答。科学家希望通过研究三齿蒿（*Artemisia tridentata*）来更好地了解植物的交流意图。这种植物在遭受食草动物侵害时也会释放化学物质。作为对这些信息的反应，邻近的植物会产生更多的防御物质以对抗食草动物。更有趣的是：这种反应在亲缘关系密切的植物之间尤为明显，在与外来的同样受到食草动物侵害的植物共存时则会减弱。所以说，三齿蒿还是能够识别出亲缘关系密切的植物。通过有针对性的信号警示自己的亲属，对发讯者和收讯者都带来了好处。

第五章　多细胞生物——优秀的动物沟通

　　我们的森林场景一转，突然有 3 只鹿出现在离我们约 30 米的一棵树后面。这些动物正在寻找食物，还没有注意到我们。它们的耳朵竖起，不断地监听周围是否有危险。我不小心踩到地上的树枝，树枝发出的声响引起了鹿的警觉。它们发现了我们，大步跳跃逃入茂密森林的庇护之中。我们通过观察这些鹿，可以看出它们具备了两个重要的动物特征：快速对环境做出反应的能力，这得益于它们的神经元，以及通过肌肉细胞实现运动的能力。

典型的动物

　　动物与植物和真菌一样，也是由许多真核细胞构成的生物。但是，动物有几个独特的特征。其中一个特点是，与植物和真菌的细胞不同，动物的细胞没有细胞壁，只有细胞膜作为边界。在演化过程中，动物的细胞逐渐分化出不同的功能，包括传递信息的神经元和实现运动的肌肉细胞。与植物不同的是，动物不能仅仅依靠阳光、空气和水来维持生活，它们无法通过光合作用自己合成食物。它们依赖于其他生物作为食物源，并需要寻找、捕食和消化它们。牙齿、长鼻或刺舌等是动物在摄取食物时常用的口器。复杂而精巧的消化系统由多个器官和各种酸性消化液组成，负责完成剩余的消化过程。尤其对于像游隼（*Falco peregrinus*）这样的掠食者来说，它们必须快速行动，以追赶敏捷的鼠类猎物。雷达测量显示，游隼的最高飞行速度可达 39 米 / 秒，相当于 140 千米 / 时。在某些书中甚至提到，游隼在捕食时的飞行速度可达 250~360 千米 / 时。当你以120 千米 / 时的速度行驶在高速公路上时，猎豹（*Acinonyx jubatus*）可以轻松跟上你的节奏，但仅限于几百米，然后猎豹就会耗尽气力。即使是海底看似静止不动的海星，也能够借助其管足每分钟移动几米的距离。游隼、猎豹和海星都以"肉就是我的蔬菜"为信条，捕食其他动物，而纯素食动物则以叶子、水果、种子或根部为食。摄取食物是动物与其他生物（包括植物）建立信息网络的最重要原因之一。可是，动物和植物之间的界限有时会变得模糊。食肉植物也会利用消化液来摄取食物，而有些动物则不怎么运动，固定待在一个地方。

动物界漫步——有脊椎还是无脊椎？

从拥有软骨的身体转变为具备头骨与椎骨的骨骼系统，这一特征决定了我们在动物界与无脊椎动物还是脊椎动物打交道。无脊椎动物如海绵、腔肠动物、蠕虫、软体动物和节肢动物（如昆虫）既没有硬骨头，也没有脊椎的支撑，它们的身体通常分为多个部分，相对较小。而脊椎动物如两栖动物、爬行动物、鱼类、鸟类和哺乳动物则拥有由骨头或软骨构成的骨架，软骨可以保持肌肉和肌腱的柔韧性。这个骨架包括我们所说的脊椎，它支撑着头部、有两对四肢的躯干，以及许多脊椎动物的尾巴。

让我们首先从无脊椎的腔肠动物开始动物界的短途旅行。它们在运动方面是个例外，类似于"成年"植物那样固守一地，不再移动。它们简单的神经网络由交叉运行的神经元组成，在海洋中按照固定的方式生活，并通过触手来捕食。身体结构史为复杂的无脊椎动物，如蠕虫或昆虫，也拥有更复杂的神经系统。它们的身体分为多个节段，许多神经元的细胞体聚集形成神经节。在这些神经节处，神经元可以更好地相互连接、协调运动，就像蚯蚓在土壤中蠕动一样。特别是节肢动物，如昆虫、蜘蛛或甲壳动物，头部节段聚集了许多神经元，负责接收和处理传入的信息。这些神经元在头部形成了一个集群，这正是大脑和中枢神经系统的起源。软体动物（如蜗牛）的神经系统也由神经元组成，神经元在身体的重要部位聚集形成神经节。软体动物栖息在陆地和水中的各种不同环境中，因此这是动物神经系统根据环境需求进行适应的典型例子。固定的贝类只有两个神经节，而陆上蜗牛则在它们的足部拥有多个神经节，因此可以用典型的蜗牛步在你的花园中优雅地爬行。

被称为"海兔"的海蛞蝓是神经生物学家喜欢研究的对象，因为它们拥有直径超过1毫米的神经元。尽管它们已经拥有用于感觉器官（嗅觉、触觉或视觉）、内脏器官（呼吸、逃避反射）或运动的特殊神经节，但它们的神经系统仍然相对简单，易于研究。来自德国图宾根大学的神经生物学家阿尔布雷希特·沃斯特（Albrecht Vorster）通过对海蛞蝓的研究，证实了一个许多学生早已意识到的事实：如果第二天有考试，通宵狂欢可不是个好主意！在行为实验中，海蛞蝓要找到方法获得它们心爱的食物——海草饲料。令人惊讶的是，若海蛞蝓在前一晚睡眠充足，它们会明显更有能力解决这个难题。然而，如果在夜间播放收音机或者不断干扰海蛞蝓的睡眠，它们在实验中的表现便会大打折扣。顺道一提，枪乌贼也非常擅长解决难题。

尽管枪乌贼以其灵活的触手而闻名，但它们实际上也属于软体动物，并且在神经系统的发展上取得了显著进步。它们的头部聚集了许多神经元，形成一个中枢控制中心，因此它们也被称为头足纲动物。所以，像八腕枪乌贼或是十腕枪乌贼等不仅可以迅速在海洋环境中移动和捕食，它们甚至还可以利用周围的物体作为工具。潜水员经常会观察到枪乌贼收集椰子并用它来当作防护罩。头足纲动物在它们的大脑中拥有一个智力中心，其智力表现不亚于脊椎动物——这正好引出了我们的下一个话题。

脊椎动物的神经系统可以分为中枢神经系统和周围神经系统。中枢神经系统包括大脑和脊髓，而周围神经系统包括从大脑和脊髓进出的所有神经元。这些神经元在全身范围内传输信息。例如，它们会将电信号转发给肌肉细胞，命令其进行"收缩"。大脑既负责对传入的信息进行复杂的计算，也负责引发相应的反应。脊髓则处理较为简单的事务：在这里，以一种固定的方式对信息进行反应——反射。当我们接触到灼热的物体时，会本能地迅速抽回手。

这种反应至关重要，因为它能在我们意识到危险之前，就阻止我们持续遭受热伤害。这种反射机制确保了机体能够即刻对刺激做出恰当回应，从而在紧急关头保护有机体的生命安全。因此，脊髓与大脑密切沟通，以协调身体中发生的许多反应。凭借如此强大的计算能力，脊椎动物能够更好地探索周围环境，并对不断涌入的信息做出反应。

1. 生死攸关

掠食动物尤其精通各种招式，悄无声息地接近或吸引猎物。它们甚至会偷听猎物之间的交流，模仿它们的声音并将其用于自己的目的。当家里有多张嘴嗷待喂食时，任何手段似乎都可以被视为获取食物的合理手段，即使故意发送错误信息也并不罕见。在掠食者与猎物的相遇中，并没有友好的"闲聊问候"，而是关乎生死存亡的战斗！

蜘蛛是捕食高手

昆虫、甲壳动物和蜘蛛等节肢动物不仅是其他生物钟爱的食物，它们中许多自身也是出色的掠食者。从具有黏性的捕食网到有毒的口器，蜘蛛拥有丰富的捕猎武器。它们能感知猎物的振动，并利用这些力学信息悄无声息地接近猎物。为此，它们精心编织出纵横交错、宛如陷阱一般的蜘蛛网。一旦有其他节肢动物的某条足不慎踩在了丝网上，便为时已晚，再难逃脱。我们可以说，猎物是自己疏忽大意而步入险境，也算是咎由自取。蜘蛛的成功并非仅仅依赖于好运或是单纯等待猎物自投罗网，它们还主动寻求机会。一些蜘蛛的蛛丝会反射紫外线范围内的波长，以此为诱饵，巧妙地吸引昆虫前来。

澳大利亚的流星锤蜘蛛[①]则采用了不同的策略：它们不是通过整张蜘蛛网，而是仅用一根蛛丝和一滴黏稠液体制成某种锤子。流星锤蜘蛛还为这个"流星锤[②]"添加了一种类似雌蛾类性信息素的气味。然后，蜘蛛挥舞着它的狩猎武器，希望诱使蛾子将其困在黏性圈套中。这种气味欺骗在生物学中被称为攻击性拟态。简而言之：掠食者或寄生虫通过视觉、听觉或嗅觉信息，使猎物无法抵抗，只能自己走向灭亡。

萤火虫的虚假发光信号

之前我已经介绍过新西兰怀托摩萤火虫洞中令人赞叹的小真菌蚋幼虫。那里生活着一种名为小真菌蚋的物种，它在毛利语中被称为啼啼怀（Titiwai）。它们与流星锤蜘蛛类似，利用黏性的丝线来捕捉猎物。它们的幼虫会建造一个从洞顶悬挂下来的管状巢。在这个管子上，每隔5毫米就有像鱼线一样的丝线垂下，长度可达50厘米。为了确保猎物被引诱进网中，发光小真菌蚋幼虫会利用生物发光的能力发出亮光，吸引如飞蛾之类的昆虫。它们的丝线上也会捕获到其他小美食，如蚂蚁、千足虫或蜗牛。甚至幼虫也深知保持狩猎装备良好状态的重要性：在进食后，它们会清理丝线上的食物残渣，以恢复丝线的黏性。

让我们将话题从新西兰怀托摩萤火虫洞中闪亮的小真菌蚋幼虫

---

① 又叫链球蛛。
② 是一种投掷武器，由三根绳子成星形相连，末端带有类似球体的重物。

转移到日本北海道岛上的萤火虫身上。几年前，我参加了在北海道首府札幌市举行的一次会议。行程中包括参观市郊的一个自然中心，因为那里可以欣赏到萤火虫。其中最令人兴奋的是在自然中心附近的公园进行的一次夜间徒步，我们可以亲眼观察这些被称为萤火虫、圣约翰甲虫或夏至虫的昆虫在夜晚进行交流的场景。我们小心翼翼地走下通往河流的黑暗阶梯，这虽然有些冒险，但这段路程是非常值得的！数以千计的发光昆虫如小灯笼般在空中飞舞，照亮了没有月光的夜晚。每个发光昆虫都有其独特的发光信号，用于吸引异性。但在这里，讨论的不是"去我家还是去你家"这样的话题，而是谈论一种对许多雄性发光昆虫来说具有致命后果的欺骗行为。在北美洲，有些发光昆虫物种就并非出于情欲而发送视觉信息。例如，雌变色萤火虫（*Photuris versicolor*）具备一项特殊的能力，除了发送自身的视觉信息，还能模仿其他四种发光昆虫的视觉信息。它们通过模仿这些陌生的视觉信息，吸引其他物种的雄性发光昆虫。在十次尝试中，至少有一次会成功，这些异种雄性会受到它的邀请——满心希望能与心仪的雌性进行交配。但是，当雄性昆虫意识到这不过是一场精心布置的骗局时却为时已晚：陌生的雌性发光昆虫会立刻将其吞食。这也是获取食物的一种方式……

吞食而非清洁——三带盾齿鳚

现在，让我们将视线从昆虫和蜘蛛般的节肢动物转向鱼类，它们是脊椎动物中最庞大的族群。它们栖息在地球上各种大小的水域中，无论是淡水还是咸水，无论是热带还是极地。鱼有各种形状和颜色，它们的食物获取方式也非常多样化。现在让我们去马尔代夫参观一下那里的三带盾齿鳚（*Aspidontus taeniatus*）。它只有 15 厘米长，但这个小家伙的名字却是名副其实。三带盾齿鳚在外形和行为上模仿了另一种鱼类——常见的裂唇鱼（*Labroides dimidiatus*）。裂唇鱼会通过诚实的方式获取食物，它们清除其他鱼类身上的死皮、寄生虫或食物残渣。裂唇鱼的"顾客"可以通过它们独特的游泳方式来识别出裂唇鱼。这些视觉信息非常独特，所以生物学家给它起了个名字叫"清洁舞"。三带盾齿鳚能够逼真地模仿这些清洁信号，以至于它可以毫无危险地通过伪装成裂唇鱼的方式顺利接近其他鱼类。一旦三带盾齿鳚赢得了顾客的信任并靠近它们，它就开始撕下猎物的大块皮肤。此时，"清洁"就变成了"吞食"，而唯一受益的只有三带盾齿鳚！

当鱼也成了钓客

作为一个热衷钓鱼的钓客的孩子，我深知以下这种食物获取方式——钓鱼，所必不可少的便是耐心。当然，不仅需要耐心，还需要合适的装备——从钓竿到鱼饵，再到钓客的"迷彩服"。当然，地点的选择与时机的把握对于能否获得丰硕的成果也起着至关重要的作用，可是，又有谁能比鱼儿更了解这一点呢? 这也是为什么有些鱼的名字是大斑躄鱼、须角鮟鱇鱼甚至黑角鮟鱇鱼，这并非空穴来风，因为它们自己也从事钓鱼[3]！鮟鱇鱼和深海鮟鱇鱼属于鮟鱇目，它们是硬骨鱼，几乎都生活在海洋中，其独特的身体形态使它们显得非常与众不同。它们的胸鳍竖立，看起来像小小的手臂一样。在

---

[3] 译者注：大斑躄鱼的德语单词字面直译为大斑钓客鱼，须角鮟鱇鱼的德语单词字面直译为魔鬼钓客，黑角鮟鱇鱼的德语单词字面直译为尾巴钓客。

与腹鳍的巧妙配合下，这些鱼甚至可以在海底迅速奔跑——尽管相对于其他能够奔跑的动物来说，它们的速度只能垫底。

几乎所有的"钓鱼鱼类"都生活在海洋中，只是在深度上有显著的差异：鮟鱇鱼通常生活在珊瑚礁及浅水中，而深海鮟鱇鱼则在300米以下的深海中捕食。在浅水中，鮟鱇鱼可以利用阳光，因此它们能够使用不同于深海中的同类的诱饵。它们的背鳍上长有一个类似于钓竿的皮肤附属物悬挂在嘴的前方，用作诱饵。不同种类的鮟鱇鱼会使用不同的诱饵来吸引猎物，从蠕虫到小虾或是其他鱼类，应有尽有。然而，即使诱饵设计得再巧妙，一旦鮟鱇鱼的身份被识破了，一切努力都将付诸东流！正因为如此，在浅水中的鮟鱇鱼利用与周围环境在形状和颜色上的相似性来巧妙地伪装自己——既能够捕获到大型的猎物，也能够保证自己不被掠食者发现。猎物被诱人的食物吸引，毫无戒备地游向鮟鱇鱼的嘴边，然后在适当的时刻被它们迅速咬住。相比之下，在深海中伪装的需求似乎不那么迫切，但问题是深海鮟鱇使用什么作为诱饵呢？答案是生物发光产生的信号，它们会通过这些信息来吸引猎物。好吧，钓鱼愉快！

超声波觅食

另一种觅食策略是巧妙地让猎物自行暴露其踪迹，这通常借助声波来实现。许多哺乳动物，如海豚和蝙蝠，会发出超声波来追踪它们的猎物。让我们来回顾一下：超声波的频率高于人类的听力范围，其振动频率超过 20 000 赫兹。当发出的声波遇到猎物时，猎物的身体会反射这些声波，并将其返回给发送者。从这种意外的"回应"中，掠食者可以获得许多信息，例如潜在猎物的距离。蝙蝙蝠起初会发出间隔时间较长的定位声波，一旦定位到猎物，它们会以越来越短的时间间隔发出声波。根据超声波回声的强度，蝙蝠可以大致估算猎物的大小。可是，这种觅食方式存在两大局限：超声波的射程范围有限，而且超声波只能覆盖一个狭窄的区域。例如，夜蛾等猎物就可以通过它们的触角感知到蝙蝠的声音，并通过简单地落到地面上来躲避它们。欧洲宽耳蝠（*Barbastella barbastellus*）深知其猎物拥有敏锐的听觉，因此在向目标发起攻击之前，它会发出非常轻微的声音，以至于蛾子听不到蝙蝠在接近。正如下面将要讲的故事所表明的，发出更轻微的声音只是作为一个掠食者在接近猎物时不被察觉的策略之一。

为什么有时沉默真的是金？

在加拿大和美国沿海的东北太平洋地区，研究人员发现了两种不同行为模式的虎鲸（*Orcinus orca*）。一种被称为居留型虎鲸，它们生活在与同类形成的稳定群体中，并对鲑鱼情有独钟。另一种被称为过客型虎鲸，它们对鲑鱼不太感兴趣，更喜欢体温较高的猎物，例如海豹、海狮或海豚。两种类型的虎鲸都会使用短时间内连续发出的超声波点击来定位和捕食猎物，还会使用鸣叫和脉冲声来与同类进行交流。加拿大维多利亚大学的科学家在水下实验中发现，相比于喜欢海豹的过客型虎鲸，喜欢鲑鱼的居留型虎鲸更加健谈。过客型虎鲸只在与同类一起浮出水面以及开心的时候——成功捕获猎物时，才发出与居留型虎鲸数量类似的脉冲声。所以，过客型虎鲸的猎物，如海豚或海狮，可以在数千米之外听到虎鲸发出的脉冲声。

"说话是银，沉默是金。"这句格言似乎非常适用于过客型虎鲸的狩猎行为，它们在静默中潜行，唯有保持缄默，方能捕获猎物。一旦狩猎成功，过客型虎鲸会再次利用声音信号与同类进行交流。相比之下，居留型虎鲸更喜欢以鲑鱼为食，由于鲑鱼的听力有限，它们甚至无法察觉到虎鲸的呼唤声。

虎鲸（*Orcinus orca*）会利用短时间内连续发出的超声波进行定位和捕食，同时还会使用口哨声和脉冲声与同类进行交流。每头虎鲸身体上的黑白色分布都是独特的，可以用来区分个体。图片中展示了一头雄虎鲸（上方）和一头雌虎鲸（下方）。

一起捕鱼的海豚——互相称呼名字

海豚不仅能听到虎鲸的声音，它们还会通过发出声音来进行觅食和相互交流。它们的猎物是大型鱼群，而海豚能够利用超声波来追踪它们的位置。例如，瓶鼻海豚④（*Tursiops truncatus*）拥有多种狩猎技巧，其中之一就是与人类合作进行捕鱼。在巴西的拉古纳市，

---

④ 又叫尖嘴海豚、宽吻海豚。

有一群由 55 只海豚组成的群体，它们擅长将鱼群驱赶至海滩方向，为当地渔民铺设了一条轻松捕鱼的"绿色通道"。这些渔民无须费力，只要耐心地等待海豚带来的礼物。渔民们在水中站成一排，准备好他们的渔网。海豚则以其灵活的头部摆动和尾部轻拍作为信号，告诉渔民应该何时何地投放渔网。作为对海豚帮助的回报，渔民们会把从网中逃脱的小鱼留给它们作为感谢。有趣的是，四个月大的海豚幼崽便已经可以参与这种独特的捕食活动了，并掌握了与人类交流的基本技巧。但是，海豚是如何聚集在一起进行共同捕食的，难道它们会互相召唤名字吗? 针对这一谜题，英国圣安德鲁斯大学的研究团队展开了深入探索，发现海豚确实会互相取名并使用这些名字。海豚能够发出高频的点击声和口哨声，这些声音可以传播到 20 千米远的地方。更令人赞叹的是，每只海豚都拥有独一无二的声音，宛如海洋中的个性签名!

寄生虫——索取多于贡献

现在，让我们来到一个完全不同的故事中，引领我们进入寄生虫及其宿主的奇妙世界。寄生虫是生活在其他生物——也就是宿主的体内或外部的生物。宿主通常比寄生虫大得多，为寄生虫提供了庇护所和食物来源。寄生虫在宿主身上肆意享用，例如吸食血液或利用其器官。尽管多数情况下，宿主能够忍受寄生虫的存在而不至于丧命，但这一自然法则同样警示我们：任何事物，过量则必生害。在宿主和寄生虫之间存在无数互动的例子，但在我读大学期间，有一个故事给我留下了深刻的印象。这是一个关于枝双腔吸虫（*Dicrocoelium dendriticum*）的故事。枝双腔吸虫属于吸虫类，具有简单的身体结构，只有一个体腔，即口部。它的口部也是它在宿主体内安家落户的重要工具，因为它能像吸盘一样工作。言归正传，让我们开始这个关于枝双腔吸虫的故事吧。

一只枝双腔吸虫的漫游

从前有一只枝双腔吸虫，它在绵羊、山羊、兔子、家兔或狗的胆管中感到特别舒适。当这只小吸虫生活无忧、心满意足之际，它便开始勤奋地产卵。随着胆汁的流动，它的卵在宿主下一次排便之时，告别了那个温暖而安全的家园——在绵羊的 1 克粪便中可能有多达 5 000 粒卵。这些卵怀揣着宏大的梦想，渴望探索世界！吸虫母亲当然会照顾好她的孩子们：它们被安全地包裹着，能够抵御外界的严寒与恶劣的环境，甚至能度过漫长的寒冬。于是，这些卵就静静地等待着，怀揣着希望……等待什么呢？它们在等待一个名为蜗牛的交通工具，更准确地说是陆地蜗牛。蜗牛会用它们的舌头刮擦地面，寻找食物。如果蜗牛运气不好，它们可能会碰到一根草茎，而这根草茎上附有枝双腔吸虫的卵。于是，枝双腔吸虫的卵便悄无声息地进入了蜗牛的体内。在这些卵中，蕴藏着一个不为人知的秘密——纤毛幼虫，它是枝双腔吸虫的幼虫，也可以说是成年个体的青春期前阶段。一旦进入蜗牛的肠道中，纤毛幼虫便从卵中孵化出来，并形成一种类似皮肤的保护膜，将自己紧紧包裹，以此抵御来自宿主的各种侵扰。正是凭借这层保护膜的庇护，纤毛幼虫得以安全地进化为一级孢子囊。随后，一级孢子囊进一步分裂，孕育出子孢子囊——二级孢子囊。经过进一步的分裂，枝双腔吸虫卵再次换上新身份，这次被称为尾蚴。尾蚴在接下来的三到四个月里，又会在蜗牛体内继续繁殖，如果它们没有死亡——但请稍等，故事还没有结束！

故事还没有到达它们的成年阶段，因为尾蚴也是幼虫，是一种前期阶段。一旦它们完全成熟，它们就会被旅行的冲动所驱使，开始踏上征途。这趟旅行的终点是蜗牛的呼吸腔，途中还要经过胰腺。尾蚴像登山者一样用它们的钩子攀爬到一无所知的蜗牛的呼吸腔。一旦到达顶部，它们的存在便无法再被忽视，蜗牛会分泌黏液以摆脱这些不受欢迎的客人。在一个直径为 2 毫米的黏液球中，有 400 个尾蚴准备就绪要出发了。尾蚴连同黏液球一起离开蜗牛，它们必须尽快行动，因为它们在外界只有几天的存活时间。现在一个黏液球懒散地躺在草地上，然后——你一定已经猜到了——等待着下一个宿主的到来。这样的黏液球对于蚂蚁而言，就像一道难以抗拒的美味小吃，但这种廉价的"快餐"是有代价的……当蚂蚁贪婪地吞下这个黏液球诱饵时，便为时已晚：枝双腔吸虫的尾蚴已经达到了它们的目标！它们在蚂蚁体内找到了一处理想的栖息地，并在接下来的一个到两个月内发育成下一个阶段，称为囊蚴。一些尾蚴并不安分守己，它们开始在蚂蚁体内进行探索。它们从胃向头部移动，进入蚂蚁的神经系统。它们的目标是蚂蚁神经系统中的一个细胞结点，被称为食道下神经节。这个细胞结点控制着蚂蚁口器的使用。也许你已经猜到接下来会发生什么了。只要有一只枝双腔吸虫幼虫接管了"口器"这个控制中心，就能使蚂蚁变成没有意志的奴隶。在尾蚴的操控下，蚂蚁的行为将会发生改变。通常情况下，当夜晚的温度降到 15 ℃以下时，蚂蚁会本能地回归温暖的巢穴。但是，被枝双腔吸虫幼虫所寄生的蚂蚁根本不会回家休息。相反，它们会盲目地爬上最近的一根草茎，并咬住草叶的叶尖。它完全无法控制自己，会一直待在草叶顶端，直到第二天早上才能解脱。当白天的温度逐渐回升，蚂蚁的痉挛抓握行为就会解除，然后继续进行日常活动，仿佛什么都没有发生过。

这只蚂蚁是否能够活到第二天早上，仍是一个未知数。在蚂蚁被困在草叶上时，只需要一只羊轻轻一咬，大口将草吃下，蚂蚁便会随之消失。随着蚂蚁一起，枝双腔吸虫的幼虫将重新进入羊的体内。这时，循环就完成了：蚂蚁体内的囊蚴进入终宿主的胆管，并在那里逐渐蜕变为成熟的枝双腔吸虫。随着它们开始产卵，整个故事就会重新开始！从枝双腔吸虫旅程的起点——那最初的一粒卵到现在，所有参与者已经经历了6个月的时间。这个小寄生虫的传奇故事，如同一部精心编排的戏剧，展现了生命之间在时间和空间上的精妙协同，令人不禁感叹其近乎魔法的神奇。枝双腔吸虫要生存下来，需要如此多的条件和特定的环境，可是它却成功地实现了！

2. 藏起来，藏起来，全都藏好

此刻，你的思绪正飘向何方？是沉浸在手中的这本书上，还是已经转移到今天的晚餐、明天的会议或者周末的计划上了？如果这个问题让你感到有所触动，不妨让我给你一丝慰藉：这种思绪万千、自言自语的状态，实则是人性中再自然不过的一部分。当我们在街上漫无目的地行走时，可能会撞到路牌或行人。而当我们在野外时，"此人当前无法接通"的信息很快就变成了"此号码无法接通"。现在让我们换个视角，从食物链的顶端缓缓下滑，直至那些时刻面临被捕食命运的生物。欢迎来到一个危机四伏的世界，每个角落都潜藏着危险，这里的居民们永远无法预知，下一刻是否还能活着！让我们从猎物的视角来看看交流的意义吧！

关于海绵宝宝的真相

《海绵宝宝》是一部美国动画片，主角是一个生活在海洋中的海绵。不过，这部动画片的德语译名是 *SpongeBob Schwammkopf*（《海绵宝宝海绵头》）。这个翻译不太准确，可能会给观众造成误导：由于海绵属于无脊椎动物，它们实际上并没有头！剧中的主人公还戴着领带，穿着衬衫，住在一个菠萝里。尽管领带和衬衫的设定有点牵强，但有趣的是，现实中的海绵确实拥有能过滤水中藻类的领细胞。至于住在菠萝里这个设定，自然界中的海绵更倾向于在珊瑚礁或岩石上安家落户。海绵的生活习性更倾向于静态，它们不会像动物那样四处跳跃，而是牢牢地固定在某个地方，宛如植物或真菌一般，面对天敌时只能采取原地防御的策略。尽管小海绵外表看似无害，但它们并不是毫无自保能力地任由掠食者摆布。首先，它们的表面布满了钙化刺毛，这也是它们身体骨架的一部分。这些刺毛对掠食者来说是无法消化的成分，毕竟谁会愿意在牙签上咬来咬去呢？刺毛越大，它们就越能抵挡大型的掠食者，比如双带锦鱼（*Thalassoma bifasciatum*）。此外，小海绵也会使用化学武器，能够释放出令敌人望而生畏的毒素，使得潜在的天敌不敢轻易靠近。现在让我们在海洋中再多停留片刻，去拜访一下软体动物们，如贝类和海螺吧。

不要舔海螺

软体动物不仅包括腹足纲动物，还有各种贝类以及头足纲动物。大多数软体动物身上都带着保护壳并生活在水中。对于那些以无壳螺类为狩猎目标的生物来说，"不要舔海螺"是一个好建议。无壳螺类表面的黏液具有双重作用：它提供了一种机械性的保护屏障，往往还配备着"化学防御物质"作为额外的防御手段。尽管拥有这些防御机制，但大多数软体动物仍然是许多掠食者的理想猎物，原因众所周知，它们在动物中不算跑得快的。

科学家在地中海扇贝（*Pecten jacobaeus*）身上观察到，腹足纲动物同样具备逃跑的能力，这一发现颠覆了传统认知。地中海扇贝的自然天敌是像多棘海盘车（*Asterias amurensis*）这样的掠食性海星物种。当生物学家向水中添加掠食性海星的提取物时，贝类会立即做出像真正的敌人来袭一样的反应：它们会迅速闭合壳体或者通过大幅度跳跃与迅速游动来逃离危险。然而，如果添加的是对贝类无害的海星提取物，这些贝类则显得从容不迫，并未展现出任何恐慌反应。

面对螃蟹这种天敌，许多腹足纲动物则采用了完全不同的生存策略。螃蟹的钳子能够轻易穿透贝类和腹足纲动物脆弱的内部组织，因此软体动物必须时刻保持高度的警觉。而正在捕食的螃蟹，其特有的气味如同无形的路标，不经意间便泄露了行踪。腹足纲动物凭借敏锐的嗅觉，能在远处就捕捉到这一危险信号，随即采取的首要措施便是停止进食，为即将到来的挑战做好防御准备。在一项为期数月的行为实验中，科学家发现紫壳菜蛤（*Mytilus edulis*）和北黄玉黍螺（*Littorina obtusata*）甚至能通过适应掠食螃蟹的气味，发展出更厚的壳作为保护。如果掠食者的代谢产物已经透露了它们的存在，那么掠食者是否还能狩猎成功呢？生物学家认为，掠食者也会进行适应，并找到减少自身气味的方法，以此减少向猎物透露的信息。

海兔不胆小

让我们来继续探讨软体动物的防御机制。我们已经知道，海蛞蝓俗称"海兔"，是神经生物学家非常喜欢研究的对象。它们得名于头部两个类似触须的结构，形状酷似竖起的兔耳朵。这些附着在头部的结构，也就是触角，不仅能让海蛞蝓感知水流的动向，还能作为特殊的化学感受器，接收许多腹足纲动物在与同类沟通时使用的化学物质。从行为生物学的角度来看，海蛞蝓也是非常有趣的研究对象。例如，加利福尼亚海兔（*Aplysia californica*）等一些海蛞蝓会使用喷墨策略来防止不受欢迎的掠食者靠近它们的头部。当有掠食者接近时，海蛞蝓会释放出一团紫色墨水。这团紫色的液体不仅可以用于迷惑掠食者的感官，还是向同类发出危险信号的标志！海蛞蝓从其食物红藻中获得紫色墨水的原料。此外，它们还摄取了红藻中的有毒物质。这些毒素会积聚在海蛞蝓的皮肤中，使其对于鱼类或鸟类等掠食者来说变成了不受欢迎的食物，这样一来，它们也就不会轻易变成胆小的兔子啦！

昆虫世界的化学物质战争

在接下来的户外探险中，我们可以看到，不仅仅是软体动物会使用化学物质来进行自卫。美好的夏日，铺开毯子，拿出美味的食物，一切看起来都如此宁静平和。突然，你感觉到了：一只蚂蚁，两只蚂蚁，好多蚂蚁！你搭建的营地恰巧离蚂蚁的巢穴不远，你成为了它们的头号公敌。蚂蚁们不喜欢你的打扰，它们通过喷洒蚁酸来表示不满。而这种反应会立刻生效，你会比说出"蚂蚁屎⑤"这个词更快地整理好行李离开这里。

这种蚁酸也称为甲酸，不仅仅是小昆虫用来抵御强敌的武器。它在荨麻植物中也发挥着防御作用，并且使我们在接触到荨麻的绒毛时会感到皮肤剧痛。然而，人类也是懂得如何欣赏蚁酸的作用的。例如，在酿酒时，我们会用它来给葡萄酒桶和啤酒桶消毒。蚁酸也可能以"E236"的缩写形式出现在果汁或姜饼⑥中，作为一种防腐剂延长食品的保鲜期。在过去，蚁酸实际上是直接从蚂蚁中提取的，正如克里斯托夫·吉尔坦纳（Christoph Girtanner）医生在 1795 年的历史文献中所记载：蚁酸是通过蒸馏红褐林蚁（*Formica rufa*）来提取的。人们通过小火来蒸馏蚂蚁，可以得到蚁酸。蚁酸的质量约占蚂蚁总质量的一半。或者用冷水冲洗蚂蚁，然后把蚂蚁放在布上，再倒入沸水，轻轻地挤压蚂蚁，这样获得的蚁酸浓度更高。为了纯化蚁酸，需要进行多次蒸馏；为了浓缩蚁酸，须将其冷冻处理。或者更好的方式是：收集蚂蚁，不用水，挤压蚂蚁，然后进行蒸馏，得到蚁酸。幸好时代已经改变了，对蚂蚁来说这可是个好消息！

---

⑤　译者注：蚂蚁屎的德语单词是 Ameisenscheiße。拍照时说"Ameisenscheiße"，嘴角会咧开，类似于我们拍照时说"茄子"。
⑥　德式姜饼的原料包括蜂蜜、香料、核果、杏仁与糖渍的水果干等，形状五花八门，其中最常见的是圆饼状。

带炸弹的甲虫

接下来要讲的是属于步甲科的甲虫——射炮步甲（*Brachinus explodens*），它们是在生物界生存竞争中释放化学防御物质的又一个例子。当射炮步甲受到像蚂蚁这样的掠食者的威胁时，它们会毫不犹豫地发起攻击。这些有防御性的步甲科甲虫会向敌人的"面部"喷射有毒物质，以迫使其逃离。它们使用的技术与第二次世界大战中德国人所使用的技术相似，通过载满炸药的无人战机进行攻击。在射炮步甲的腹部装有制作炸弹所需的一切材料：腺体、收集囊和爆炸腔室。为了避免自己被炸飞，射炮步甲必须在正确的时机引爆炸弹。在开火之前，射炮步甲会将一个反应启动器插入含有爆炸性化学物质的收集囊中。一旦反应开始，大量的能量将以热和高压的形式释放出来。这种组合具有双重效果：伴随着响亮的"砰"的一声，高压会将温度达到 100 ℃的混合物猛烈地喷射到攻击者身上。射炮步甲可以在喷射过程中灵活地移动其腹部，无须转身。射炮步甲每次射击只使用部分化学物质，这也是为什么肯尼亚的非洲气步甲（*Stenaptinus insignis*）能够迅速装填并每秒射出高达 500 枚"炸弹"。

许多臭虫在受到威胁时也没有什么幽默感。原同蝽（*Acanthosoma haemorrhoidale*）是无毒的，理论上是一种健康的美食。可是，它们会通过释放出恶臭的气味来让攻击者保持一定的距离。这些气味效果显著，甚至可以让鸟类不敢靠近这些比自己小得多的臭虫。

防御瑜伽——所有蟾蜍都翻个身

许多动物会利用视觉信息来抵御敌人——甚至人类也能理解这些语言。试想，你会肆无忌惮地接近露出獠牙的狼、弓着背的猫或者直立的熊吗? 属于两栖动物的蟾蜍采用了一种特别有趣的威吓策略，它们将颜色和运动结合在一起。多彩铃蟾（*Bombina variegata*）和红腹铃蟾（*Bombina bombina*）生活在小水塘中，得名于它们黄色和红色的腹部。一旦感知到威胁逼近，它们就会采取所谓的"蟾蜍反射"：猛然翻身倒地，呈现一种凹形的姿势，将那片绚烂多彩的腹部展露无遗。这种反射姿势也被称为"船形姿势"，让我不禁想起瑜伽练习中的"船式"。我摆出这个姿势是为了放松身心，而蟾蜍所采用的船式姿势传递出的信息则完全不同：这种奇特的身体姿势是为了警告掠食者，它们皮肤上的黏液有毒! 在哺乳动物中，视觉警示通常伴随着听觉信息，如震耳欲聋的咆哮、尖锐刺耳的嘶鸣或是低沉有力的吼叫。这些不同沟通方式的巧妙结合，极大地丰富了威胁姿态的信息维度，并明确传达了一个信息：不要再靠近了!

尽情尖叫吧!

众多哺乳动物和鸟类会利用声音作为媒介，来驱赶敌人和向同类发出警报。在我们踏入森林之前，森林的居民便早已知道我们的存在——松鸦的呼叫声回荡在整个森林中，让所有生物都保持警惕。这些叫声所传达的信息因物种而异。对于松鼠科的动物，如土拨鼠或旱獭来说，警报叫声能够提示危险的紧迫程度。例如，贝氏地松鼠（*Spermophilus beldingi*）的啁啾声，是向同类发出的紧急信号，表示存在紧急的敌对威胁，并且情况随时可能迅速升级。而当贝氏地松鼠发出扫弦般的叫声时，则表明它们正处于高度警觉状态，虽然未达到恐慌的程度。

在非洲草原上，狐獴（*Suricata suricatta*）的叫声不仅提供关于危险程度的信息，还包含有关攻击者类型的信息。因为狐獴要面临着来自天空和地面多种掠食者的威胁。所以，它们演化出一套声音交流系统，使用不同的叫声来应对不同的危险情况：对于来自猛雕（*Polemaetus bellicosus*）的空中攻击，它们发出的警报声与来自黑背胡狼（*Canis mesomelas*）发起攻击的警报声不同，与出现黄金眼镜蛇（*Naja nivea*）等蛇类的叫声也不同。此外，警报叫声在狐獴的"语言体系"中有着多重含义，它也可以表示附近存在未知敌人的痕迹，比如粪便、尿液或者毛发。这些痕迹可能源自其他掠食者，也可能来自邻近的其他群体的狐獴。

埃塞俄比亚黑脸绿猴（*Chlorocebus aethiops*）同样会在它们的警报叫声中区分不同的威胁。对于它们而言，"空中攻击"警报声犹如一道指令，促使猴群迅速抬头，观察来自上方的威胁，并准备逃向有保护作用的灌木丛。

说谎求生

俗语说"在爱情和战争中要不择手段"，这句话似乎也适用于掠食者和猎物之间的关系。当生命受到威胁时，如果"伪装"能够拯救自己的生命，又有谁不愿舍弃原有的模样呢? 一个著名的例子是食蚜蝇，它们在伪装方面造诣颇深。这些本质上无害的昆虫，在外观上模仿有很强防御能力的黄蜂、大黄蜂或蜜蜂，在敌人面前它们会振翅疾飞，英勇展示。食蚜蝇依赖于其模仿对象的视觉信息，这些信息向掠食者发出信号："别过来，我有毒! "根据物种不同，这种模仿（拟态）的效果各不相同。体型较大的食蚜蝇物种能够完美地模仿有毒原型，而体型较小的物种则没有那么精确，它们只是提供了一个"廉价的复制品"。这种模仿质量的差异可以解释为，掠食者更喜欢"肥美的猎物"，因此会将目标主要瞄准那些体型较大的食蚜蝇。小型食蚜蝇因其被捕食的风险较小，所以它们没有必要采取特别逼真的伪装来迷惑敌人。

负鼠也采用了一种欺骗性的策略——装死。实质上，这也是一种保命的虚假表演。许多掠食者只对活动的猎物做出反应，而对于没有生命迹象的猎物则会置之不理。负鼠尤其擅长运用这种生存技巧。它们生活在美洲，与澳大利亚的袋貂截然不同，切勿混淆。黑耳负鼠（*Didelphis marsupialis*）是一种和猫差不多大小的负鼠，当它处于真正的危险中，例如被掠食者抓住并摇晃时，它会立即启动其装死的绝技：它会瞪大眼睛，蜷缩成一团，并伸出舌头。负鼠可以保持这种姿势数小时之久，纹丝不动。一旦危险过去，它便如同从沉睡中苏醒一般，若无其事地继续前行，仿佛刚才的一切只是虚惊一场。负鼠这种独特的策略，甚至在英语中衍生出了一个短语 Playing Possum，意思是装死。显然，在某些情况下，人类也会借鉴负鼠的策略，宁愿装死，以求自保。

尽量不引人注目

积极的防御机制虽不失为一种抵御方式，但往往为时已晚，那时候掠食者已经发现了猎物。因此，保持低调，避免引起注意，绝非负鼠独有的生存哲学。良好的伪装至关重要，我总是对许多动物在颜色混合方面的准确性感到惊讶。爬行动物、两栖动物和鱼类都是伪装大师，它们常常与周围环境融为一体，仿佛自己就是其中的一部分。这种模仿自身生活环境的形式被称为拟态。当颜色、形状与动作相结合时，拟态效果会更加完美。例如，变色龙突如其来的动作乍看起来如同一场独特的舞蹈表演，但在它的生活环境中，这些视觉信息完全合乎逻辑。长戟大兜虫（*Dynastes hercules*）则是又一个例子，向我们展示了动物如何迅速改变颜色以适应环境变化。在阳光照射下，这种长达 17 厘米的甲虫呈绿色，与它的生活环境——北美洲和南美洲的森林相得益彰。而当雨水降临，赫克力士长戟大兜虫体表上的微小结构会吸收水分，进而改变形状。这种形状改变导致入射光线的折射方式发生变化，折射的波长也随之改变。因此，赫克力士长戟大兜虫的颜色会从绿色变为黑色。这种颜色变化有什么作用呢？在阳光明媚的时候，甲虫栖息的森林呈现出美丽的绿色。不过，一旦乌云密布，森林变得阴暗，赫克力士长戟大兜虫的颜色也会变暗，看来这种甲虫似乎是一位合格的天气预报员啊。

现在，我们跟随"捕食和被捕食"这一主题的最后一个故事离开美洲大陆，回到德国的基尔市，前往基尔亥姆霍兹海洋研究中心。

为什么章鱼更喜欢装作比目鱼？

在基尔研究站的大水槽里，幼小的比目鱼们像小小的坐垫一样堆叠在一起。我的一个好朋友兼大学同学，在北方进行他的博士论文研究，我便借此机会去那里拜访了他。在我们去港口的路上，他对我喊道："我得赶紧去照料一下我的鱼儿。"作为一个对生物学充满好奇心的人，当然想亲眼见识一下我朋友的研究对象，也就是大菱鲆[7]（*Scophthalmus maximus*）。在那之前，我只在餐桌上见过这种鱼以熏鱼的形式出现。比目鱼[8]具有非常独特的身体形态，一看到它，我的脖子就会感到不适。它的双眼都位于身体左侧，而另一半身体则如一片薄饼般紧紧贴合在海底。比目鱼朝上的一侧其实是身体的左侧，其表面看起来就像被小石块覆盖住一样——因此也被称为石斑鱼。它的外观与沙质海底非常契合，使其能够避开其他掠食性鱼类的注意。

　　这种策略似乎对加勒比海的长臂章鱼（*Macrotritopus defilippi*）也很有效。科学家拍摄到这种生活在海底的章鱼不仅外形类似比目鱼，连行为也如出一辙。它们紧贴海底游动，保持八只触手笔直，并轻松地拖在身后。像比目鱼一样，它们也会以突进的方式向前移动，甚至比真正的比目鱼更加出色。下面的插图来自一条真正的比目鱼。

　　大菱鲆（*Scophthalmus maximus*）的两只眼睛位于身体的左侧，身体的另一半则贴在海底，其颜色完美地适应了海底沙质环境。

---

[7]　又叫多宝鱼、欧洲比目鱼。

[8]　比目鱼是鲽形目鱼类的统称。

3. 去你家还是我家？

雌性很重要，雄性无所谓！

在动物界，雌性从一开始就对潜在的后代投入了相当多的资源，因为它们只产生少量但体积较大的卵子。而雄性的生殖器官中则产生了大量但相比卵子要小得多的精子。激素控制着性细胞的成熟，并确保后代在食物丰富的季节降生，以最大化它们的存活和成长机会。雌性往往只在特定的时期内能够受孕，而雄性在理论上则随时做好准备进行交配。普遍而言，雄性在幼崽抚养方面投入的时间和精力要少得多。对于雌性来说，繁殖是一项更为耗费资源的事情，而对于雄性来说则相对轻松，这一差异自然引发了性别之间的潜在冲突。雄性和雌性以完全不同的视角看待繁殖问题，各自怀揣着不同的动机与期望。因此，雌性在选择未来孩子的父亲时表现得极为审慎，毕竟它们只有有限数量的卵子可供使用，唯有那些"最优秀"的雄性才有机会与之结合。一个健康且富有吸引力的雄性，其后代在择偶竞争中也将占据优势。相比之下，雄性动物无须节约其性细胞，因为它有足够多的数量可以挥霍。雄性若能成功使更多卵子受精，便意味着能够繁衍更多自己的后代。由于精子的数量远远超过卵子的数量，因此雄性之间也就产生了竞争——需求远超供给的现状加剧了这一态势。于是，雄性竭尽全力争取雌性的青睐，展开激烈的争夺。在这场竞争中，它们还需确保发出的信号能够准确地传达给适当的对象。换句话说，自然界中的雄性和雌性动物是如何知道，它们是在与同一物种的理想伴侣进行交流和配对呢？

你属于我吗?

那么,你是如何辨别出你正在与人类打交道,而不是与绵羊或山羊呢?你了解人类的外貌特征,并且知道你自己也是人类。当你看到同类时,你必定是通过他们的人类外观和典型的人类动作,来识别他们是你的同类。对其他生物来说,识别自己同类的方式也差不多。

乍看之下,鸟类、鱼类及哺乳动物的求偶行为似乎只是随意的动作,然而这些行为实则遵循着一种明确的模式,这种"信号语言"具有特定的含义。求偶行为在促使同类间合适的个体结合上扮演着举足轻重的作用。雄性动物通过特定的求偶行为有意地吸引雌性同类,并频繁地展示特定的姿态,以引起雌性的兴趣。不同种类的动物,其求偶方式各具特色——从鸟类的颈部后仰,到猴子的尾巴姿势,再到鱼类的曲线游动。而在海马的世界里,一对情侣在进一步发展关系之前,会以一种独特而温馨的方式相互"牵手":雄海马与雌海马会先挽住彼此的"尾巴",在海底漫步——这是它们"认真"对待彼此的一个标志。

求偶行为的强度和持续时间,能够透露雄性身体力量的相关信息。那些甘愿花费大量时间来与异性互动的个体,往往在其他方面,如觅食技巧和抵御天敌的能力上,也展现出了非凡的效率。这种多任务处理的高超能力,对于雌性而言极具魅力,象征着一位真正理想伴侣的特质。可是,下面加利福尼亚深海蛸乌贼(*Octopoteuthis deletron*)的故事证明了,要识别出自己的同类并不总是那么容易。

深海蛸乌贼会抓住一切机会

在繁殖方面,雄深海蛸乌贼面临着一个小问题:它们生活在

400~800 米的深海中，环境非常黑暗，以至于它们无法利用视觉信息来选择伴侣。那么，雄性又是如何辨别出一个路过的同类属于哪个性别呢？对于这个问题，美国蒙特雷湾水族馆的研究人员找到了真正的答案。小型深海机器人在加利福尼亚海岸附近拍摄到了深海蛸乌贼选择配偶时的情景。录像资料显示，雄深海蛸乌贼似乎并不费心去确定对方的性别。它们会抓住一切交配的机会，迅速采取行动，无论对方是什么性别。科学家是如何得出这一结论的呢？雄深海蛸乌贼在完成交配后，会在另一性别身上留下精子的残留物——但确实只在另一性别身上吗？研究人员在视频中发现，其他雄深海蛸乌贼身上也会出现典型的精液痕迹，并且频率非常高，明显超出了偶然的范畴。在自然界中，这种随机交配并非普遍现象，因为对于雄性动物来说，精子的产生和交配本身都是一项代价高昂的事情。在深海蛸乌贼的案例中，研究人员推测，在深海这一极端生态环境中，随机交配的策略或许有其合理性。在这片资源稀缺的 800 米深海中，寻找食物和理想配偶均非易事，时间显得尤为宝贵。当两只乌贼在漆黑一片的海底不期而遇时，"乌贼男士"根本没有时间去确定伴侣的性别。尤其是对于深海蛸乌贼而言，这类乌贼的寿命很短，一生之中仅有一次繁殖机会。

我们甚至不需要前往深海，就可以找到非自愿交配现象的类似例证。雄温带臭虫（*Cimex lectularius*）也并不太挑剔配偶的性别。通过雄性留下的交配痕迹，它们向同类透露前一晚的伴侣身份。在雌性温带臭虫的腹部下方有一个小肿胀，雄温带臭虫会用类似阴茎的器官刺穿这个部位，精子通过这种方式直接进入雌性的体内。这种独特的交配方式，会在雌温带臭虫的身体上留下明显的刺穿伤痕。有趣的是，这些伤口不仅出现在雌性身上，雄温带臭虫也无法避免受到其他雄性创伤性交配的影响。

雌性真正想要的

真正的雌性倾向于避免随意的交配行为，它们知道选择合适的伴侣对于自身及后代非常重要。因此，雌性在寻找终身伴侣时会花费很多时间。在雌性选择一只雄性之前，雄性必须经历一系列考验，证明自己会成为它们共同后代优秀的父亲。那么，雌性如何判断自己选择的伴侣是不是一个好选择呢？首先，雄性的外貌很重要，因为外貌可以传递关于雄性身体状况和质量的重要信息，这些信息在大多数情况下很难被伪造。体型的大小往往是衡量雄性健康状况和力量的一个直观且有效的指标。高大的雄性往往激素水平较高，这使得它们更具攻击性，因此可以成为共同"家园"和未来后代的出色保护者。正因如此，大体型的雄性在雌性中备受欢迎，这一点也就不足为奇了。它们身上闪亮的羽毛、整洁的毛皮或是血液循环良好的皮肤区域，都是雄性身体健康的重要标志，代表它们能够照顾好自己。我们自己也有类似的经验：当我们生病患上流感时，其他人往往立刻可以从我们苍白的脸上看出端倪。动物选择与健康伴侣交配，无疑增加了后代继承良好基因和长寿的机会，进而确保种族的成功繁衍。

因此，雄性在追求雌性伴侣的过程中，并非总是诚实地传递自己的真实信息，而是可能会采取一些策略，比如利用其他动物的羽毛等视觉辅助工具来吸引雌性。所以说，雌性最好是自己对未来孩子父亲的优缺点做出评估，而不是仅仅相信雄性发出的信号。许多雌性甚至通过偷窥雄性的日常活动来获取更多信息。比如，克氏原螯虾（*Procambarus clarkii*）的雌性会观察雄性之间为了争夺与雌性的交配权而展开的激烈争斗，并在雄性展示完自己之后，更倾向于选择战斗中的胜利者作为伴侣。

财富带来成功

许多鸟类和昆虫在求偶之际，会带上一份可口的礼物，以展示自己能够提供丰盛食物的能力。例如，奇异盗蛛（*Pisaura mirabilis*）会用蛛丝巧妙地包裹着小飞虫，并在"第一次约会"时将礼物赠予雌性。礼物的分量越大，雄性赢得雌性芳心的机会也越高。反之，如果雄性胆敢空手向雌性示好，其下场往往极为凄惨。在丹麦奥胡斯大学的一项行为实验中，生物学家观察到：雌盗蛛对未携带礼物的雄性会毫不留情，甚至直接"判处死刑"。相比那些在交配之前用一顿飞蝇大餐来满足饥饿雌性的雄性，那些没带礼物的雄性更容易被雌性吃掉。而特别聪明的雄性会首先给雌性呈上礼物，随后突然上演"诈死"大戏，以规避雌性的攻击。当雌性享用美味佳肴时，雄性会趁机"起死回生"，以最佳的姿态迅速完成交配。在实验中，89% 的雄盗蛛会通过这种出其不意的策略成功进行交配——尽管这样的行为似乎与浪漫二字相去甚远。

美洲牛蛙（*Rana catesbeiana*）的例子表明，雌性通常不会满足于微不足道的小礼物，而是渴望与拥有宜居领地的雄性交配！对于牛蛙来说，理想的孵卵地点应该是一个温暖的水域，植被不应太过茂密。这样的环境既有利于牛蛙卵的发育，又能有效抵御水蛭等掠食者的攻击。雄牛蛙之间为争夺这些宝贵的生存空间展开了激烈的竞争，只有强者才能获得心仪的领地。一旦一只雄牛蛙成功占据了一个温暖的小水塘作为自己的领地，那么这块小水塘很快也会迎来它的女主人！雄牛蛙通过发出雄浑有力的叫声，能在方圆 2 千米内吸引雌牛蛙来到它所统治的水塘。顺便提一下，这种蛙也正是因为使用这样的声音来吸引雌性而得名。这种蛙的叫声通常很低沉，类似于牛的叫声。不仅如此，通过这种叫声，雄牛蛙也能与竞争对手保持距离。毕竟，谁愿意将宝贵的领地让给竞争对手呢？

为女士打造爱巢

雄树雀堪称自然界中住宅建造的杰出艺术家。这些生活在澳大利亚和巴布亚新几内亚的鸟类，因雄鸟会为雌鸟精心打造巢穴而出名。

雌树雀会根据巢穴的质量来选择伴侣，因此雄树雀在打造自己的爱巢时非常用心。它们费尽心思地搜集各式装饰物，从红色浆果到废弃的饮料罐，应有尽有。它们甚至会嚼碎植物，提取天然颜料，涂抹在巢穴的墙壁上。不同种类的雌鸟对于爱巢的色彩偏好各异，有的对蓝色的爱巢情有独钟，有的则更喜欢绿色或红色的爱巢。例如，澳大利亚的缎蓝园丁鸟（*Ptilonorhynchus violaceus*）首先用树枝搭建两面平行的墙壁。这些墙壁构成了一个长约 30 厘米的庭院，而在庭院的北端，雄鸟还建造了一个由树枝构成的平台。雄鸟在这个平台上尽情展现它的创造力，尽可能地装饰爱巢。羽毛、花朵甚至蛇皮都被它们用来让爱巢焕发光彩，目标是成为邻里中最耀眼的房屋建筑师，以吸引尽可能多的雌鸟前来交配。因此，雄鸟勤奋地筑造它们的爱巢，还时刻警惕着来自其他雄鸟的威胁。这也是必要的，因为在爱巢建筑业中并不总是公平竞争。有些雄鸟会在夜间秘密行动，破坏竞争对手的爱巢，并带走有价值的物品来装饰自己的房子。大亭鸟（*Ptilonorhynchus nuchalis*）更是采用视觉欺骗，使自己和它们的爱巢在雌鸟的视角中显得更大。它们以一种特定的方式在爱巢的庭院中摆放多达数百个小物件，如小石头或骨头，以此来营造更大的视觉效果。很可惜，这段精心策划的浪漫故事往往短暂。在爱巢中完成交配后，这对恋人便就此分开! 雌鸟在受精后会悄然离去，在别处另筑新巢，独自孵化和养育幼崽。

声音越大，个头越大

我们的下一个故事发生在澳大利亚，在这里，众多动物会利用声音信号来向雌性彰显自己的魅力，其中就包括考拉（*Phascolarctos cinereus*）。大型的雄考拉会发出特别低沉的咆哮声，以吸引雌考拉的注意。雌考拉在远处就能区分出不同雄性的叫声，它们往往倾向于选择那些体型特别大的个体。长久以来，对于雄考拉能发出如此震撼人心的声音，一直令生物学家感到费解，因为它们的咆哮声在音调和音量上甚至与雄大象相似。可是，考拉并没有大象那样的声带和喉咙结构，这不禁让人好奇：它们发声的秘密究竟是什么呢？

最终，英国萨塞克斯大学的生物学家戴维·瑞比（David Reby）和本杰明·查尔顿（Benjamin Charlton），以及柏林莱布尼茨动物园和野生动物研究所的研究人员，共同揭开了这一谜团，它就藏在考拉的鼻子结构中。这一结构中有一个皮瓣，人类对此也非常熟悉，因为它就是夜里打鼾声的"幕后黑手"。然而，考拉却利用这个皮瓣（也称为软腭）来增强它们的叫声。它们在发出叫声时会降低喉咙的位置，使软腭上的两个皮褶绷紧。这两个皮褶就像两个强有力的声带一样，使进入的空气产生震动。由此产生的声音频率为 10 ～ 60 赫兹，足以令雄大象都感到嫉妒。

现在，让我们在声音信号方面再停留一会儿，从澳大利亚回到德国吧。在这里，我们遇到了灰山鹑（*Perdix perdix*），这是一种小型的棕色鸟类，它们的交配季节始于每年的二三月份。灰山鹑为我们提供了一个很好的例子，说明了声音信号中包含了关于发讯者品质的信息。具体而言，血液中睾酮水平较高的雄灰山鹑发出的交配叫声会比睾酮水平较低的雄灰山鹑的叫声更持久。较长的交配叫声不仅增加了雌鸟听到它们的机会，同时也向雌鸟传递了一个重要信息：这是一只持久而有力的雄鸟。在行为实验中，雌鸟会更倾向于选择发出求偶叫声特别长的雄鸟。水蒲苇莺（*Acrocephalus schoenobaenus*）是德国本土常见的一种鸟类，它具有高超的歌唱技巧。这种鸟偏爱站在高高的芦苇上鸣叫，以便让自己的声音能够传播得更远。水蒲苇莺的歌声由长篇乐句组成，其中包括颤音、口哨声，甚至还能模仿其他物种鸟类的鸣叫声。一些雄水蒲苇莺在唱歌方面技艺熟练，能够在求偶叫声中融入丰富多变的乐句。显然，这种音乐才华对于雌性来说无疑具有极大的吸引力：雄性能够演绎的乐句越多，就越能赢得雌性的青睐。下面这个动物之间关于"去我家还是去你家"的有趣故事，在我读书期间就让我非常着迷，所以也想分享给你。不过请你最好准备一些食物，因为我们要去勃兰登堡州啦。

灰山鹑（*Perdix perdix*）是一种德国本地鸟类，它们的交配季节始于每年的二三月。雄灰山鹑的睾酮水平越高，它们向雌鸟发出的交配叫声就越持久。

大鸨的狂野辣舞

在我大学时期，我有幸亲眼见证了一场令人印象深刻的求偶行为。那是一个寒冷的四月清晨，我和同学们蜷缩在勃兰登堡州的一座高地上，期待着大鸨（*Otis tarda*）的出现。大鸨是一种濒临灭绝的鸟类，也是欧洲体型最大的可飞行鸟类，其体重可达 16 千克。在勃兰登堡州的韦斯特哈费兰德自然公园，我们可以观赏到德国境内最后几只大鸨。在那个寒风凛冽的清晨，我们经过 2 小时的等待，几乎已经对这种被戏称为"勃兰登堡州鸵鸟"的鸟儿不抱希望了。突然间，远处出现了两个小点，没错，那就是大鸨。在自然公园管理员的专业指导下，我们恰好赶上了每年春季在勃兰登堡州田野上上演的一场独特而壮观的表演，这一现象甚至在旅游指南中以"大鸨辣舞"这一迷人的标题广为宣传。在繁殖季节外，鸟类通常会以同性群居的方式共同生活，而到了春季，雄性和雌性则会汇聚在一起进行繁殖。选择的权力掌握在雌鸟手中，因此它们会飞行数千米，从众多求偶的雄鸟中挑选出最佳的伴侣。雌鸟的长途旅程是值得的，因为雄大鸨会将自己的内在魅力展示给雌性。原本平平无奇、羽毛呈褐灰色的雄鸟突然猛动一下，将翅膀翻转过来，展示出翅膀内侧洁白的肘羽。但这还不够，它还会将尾巴翻折到背后，露出尾部下面洁白的尾羽部分。最后，雄鸟会竖起长长的颈下须状羽，使整个形象变得更加完美而出众。现在，它看起来就像一个巨大的雪球，不仅牢牢吸引了雌性观众的注意，还引起了众多鸟类爱好者的兴趣。

当雄大鸨突然来回扭动时，一场精彩绝伦的表演就开始了。我们从自然公园的负责人那里了解到，在求偶期间，雄鸟的心脏确实会为了雌鸟而跳得更快：心跳频率从每分钟 21 次增加到每分钟高

在求偶期间，雄大鸨（*Otis tarda*）会猛然扭转翅膀，向雌性展示翅膀内侧的白色肘羽。雄大鸨还会炫耀尾羽下的白色羽毛。

达 490 次。求偶行为主要是通过视觉吸引，因为雄大鸨只是偶尔会发出声音。如果求偶时现场略显嘈杂，那可能是因为雄大鸨在极度兴奋的状态下放了一个屁。根据录音资料证明，大鸨在求偶期间确实会放屁，这可以说是一首由"屁调"编织的爱情乐章，或者是德国勃兰登堡州版的好莱坞爱情电影《乱世佳人》。

雌性动物钟情于气味

《乱世佳人》正好引出了下一个关于交流方式的话题：野兔是如何约会的呢？野兔群体中的社会结构非常清晰，有着明确的规则，规定了谁有权在何时与谁交配。最高级别的雄兔几乎可以与群体中的所有雌兔交配，而排位较低的个体则处于劣势。在繁殖季节开始时，兔子粪便和尿液中的激素和气味物质发生变化——这是野兔的信号，表示约会的时刻到了。因此，在繁殖季节，兔子会更频繁地使用沟厕。例如，当一只雌兔出现在沟厕附近，表达自己的交配意愿时，很快就会有一只雄兔通过留下排泄物的方式做出回应。所以，沟厕不仅仅是野兔寻找合适伴侣的首选方式，像阿拉伯瞪羚（*Gazella arabica*）这样的羚羊或者像狐獴一样的獴科动物也会将沟厕作为约会平台。

为什么鱼会相互偷听？

你还记得我在学位论文中提到的胎生鱼类吗？现在，让我们来看看雄大西洋玛丽鱼在另一条雄鱼存在的情况下是否会改变它们的"求偶"策略。鱼类生活在群体中，因此伴侣的选择也很少是"私下"进行的。总会有其他同类在附近，可能正默默观察着你的选择过程。大西洋玛丽鱼是少数几个由雄性主导伴侣选择的特例之一。在大西洋玛丽鱼的群体中，可供选择的雌鱼很多，选择哪条鱼作为伴侣对雄鱼来说是一个相当重要的问题。在这种情况下，雄大西洋玛丽鱼也遵循着"适用于甲，也适用于乙"的格言。特别是那些经验不足的雄鱼，它们会在鱼群中观察其他雄鱼选择雌鱼的方式，然后进行模仿。尽管竞争可以激发活力，但那些被观察的雄鱼也会通过转移注意力和改变行为方式来应对这种"窥探"。在实验中，我让水族箱中的雄鱼在一条较大的雌鱼和一条较小的雌鱼之间进行选择。如果没有其他"观众"在场，大多数雄鱼倾向于选择与较大的雌鱼在一起。这个选择是合理的，因为大雌鱼拥有更多的卵子，因此比起较小的雌鱼具有更强的生育能力。然而，当附近有其他雄鱼，并且正在观察它的选择时，雄大西洋玛丽鱼则会改变自己的"择偶"偏好，会对较小的雌性表现出更多的兴趣。显然，雄大西洋玛丽鱼试图故意误导竞争对手——但背后的动机何在？关于为什么在动物界中存在这种"观众效应"和雄性发送虚假信息的行为，存在多种理论。为了理解这些行为背后的原因，我们需要更仔细地审视性别之间的冲突与博弈。

朝对手撒尿的欧洲螯虾

雄性因拥有比雌性更多的精子数量，它们之间展开了一场争夺雌性卵子受精权的竞争。雄性会尽一切努力，不仅竭力赢得雌性的青睐，还要阻止令人不悦的竞争对手，以保护它们的理想伴侣不被夺走。雄性之间的这种激烈竞争不但消耗资源，有时还可能导致血腥的争斗，甚至丧命。以红鹿为例，在争夺配偶的竞争中，会用头部撞击对方。为了避免这种情况的发生，许多物种的雄性会尽量避免这些争斗。它们并非真的打算使用武力，而只是想要展示自己的实力，或者彼此观察，以事先了解潜在竞争对手的战斗能力。雄绿剑尾鱼（*Xiphophorus helleri*）正是这样做的：它们会观察其他雄性之间的斗争，从中获取关于它们战斗能力的信息。通过这种方式，它们可以在与下一个对手相遇时判断何时应全力出击，而何时又应明智地避免成为战斗的牺牲品。欧洲螯虾（*Astacus leptodactylus*）则是另一例证，说明了采取正确的策略并非盲目地卷入战斗，这才是明智的选择。为了避免在相遇时立即展开激烈的对抗，剑拔弩张，两只雄欧洲螯虾会通过互相撒尿来展示自己的雄性气概。欧洲螯虾会通过尿液评估对手的当前状态，并在必要时决定是否撤回自己的"虾尾"。

回想一下之前提到的大西洋玛丽鱼，它们在选择伴侣时态度转变，可能是想要避免与其他雄性发生激烈的冲突。选择一个竞争对手较少的小体型雌性伴侣，可以避免不必要的压力。从理论上来说，

雄欧洲马鹿（*Cervus elaphus*）带有一对鹿角，在九月或十月的交配季节中，它们会与其他竞争对手进行激烈的争斗。雄性会通过尿液中的气味物质吸引雌性来到它们的交配地点。

这种解释是合理的。可是，事实表明，即使是生活在洞穴内的大西洋玛丽鱼，也会在其他雄性面前隐藏它们真实的伴侣偏好。你可能还记得：大西洋玛丽鱼还有一种"洞穴变种"，它们的眼睛较小。不过，生活在洞穴内的大西洋玛丽鱼之间的相处要和平得多，因为它们极端的生存环境本身已经足够有压力了，它们不需要再互相斗殴了。那么，为什么雄性会撒谎呢？

精子竞争——只有最快的才能成功到达目的地

雄性之间的竞争激烈程度取决于精子到达卵子的途径。许多水生及在水边栖息的动物，如两栖动物、鱼类或环节动物，采用间接受精的方式进行繁殖：雌性动物产卵，雄性动物将精子注入其中，受精过程完成！然而，对于陆生脊椎动物，包括人类、鲨鱼、某些硬骨鱼类以及许多昆虫和蜘蛛类，雄性会直接将精子注入雌性体内，以实现体内受精。所以说，像大西洋玛丽鱼这样的胎生鱼在鱼类繁殖中属于特例：雌鱼会通过母体产下幼鱼。这意味着精子直接在雌性体内形成了受精卵细胞。雄大西洋玛丽鱼拥有名为"生殖足"的器官。当雄大西洋玛丽鱼靠近雌性时，它们会用这个器官有力地摆动，试图准确地将其放入雌性的生殖器开口中。如果"生殖足摆动"成功，释放的精子可以直接奔向卵子，在雌性的体内进行受精。如果雌性与多个雄性交配，不同雄性的精子将在雌性体内竞争，以获得受精的机会。只有最快和最强壮的精子才能在生命的竞争中脱颖而出。为了防止其他雄性与被选中的雌性交配，动物界中的雄性会尝试采取各种手段，彼此间展开激烈的竞争，以阻止其他雄性与雌性交配。

不愿意与鱼分享，可能是雄大西洋玛丽鱼在竞争对手面前隐藏它们对特定雌性真实偏爱的原因之一。如果观察者模仿其他雄性，选择体型较小的雌鱼作为伴侣，这一举动无形中将减少争夺较大雌鱼的竞争对手数量。为了在雌性世界中保持垄断地位，雄性会采取各种手段，以下便是一些例子。

南太平洋的雄哀悼墨鱼（*Sepia plangon*）在求偶过程中，展示出了令人难以置信的演技。当潜在的竞争对手靠近时，雄墨鱼会靠近雌墨鱼并展示自己的雄性特征。与此同时，雄墨鱼面向竞争对手的另一侧，则呈现出雌性的典型颜色。陌生的雄性会被误导，并没有意识到它的搭讪尝试是徒劳的，就这样上了这个"变装艺术家"的当。雄墨鱼通过这种方式巧妙地转移了其他雄墨鱼的注意力，让它们远离自己的雌性伴侣。有些动物甚至会将雌性的生殖道清洁得一尘不染，然后再注入自己的精子。为此，许多昆虫都拥有特殊的结构，可以将前任雄性的精子从雌性身体中清除出去。许多雄性哺乳动物在交配后会将雌性动物给"密封"起来，将黏液堵塞在雌性的生殖器开口处。雄欧洲鼹鼠（*Talpa europaea*）也会使用这样的方法，让自己的精子在雌性与下一只雄性交配之前获得时间上的优势。为了确保成功，一些物种还会给这种生殖封闭物添加一种阻断性的气味。雄黄斑金蛛（*Argiope aurantia*）甚至会选择自杀，使雌蜘蛛不再与其他雄蜘蛛交配。它们会在交配姿势中死去，似乎这是一个预设的死亡过程。这样一来，雄蜘蛛便将自己变成了对雌蜘蛛来说极难打开的锁扣。

插曲——将多样性纳为秩序

在我们进入本章的最后一节之前，我想先带你简要回顾一下生物学历史的一个小插曲。1758 年，瑞典博物学家卡尔·林奈出版了著作《自然系统（第十版）》。人类一直对地球上众多生物深感着迷，而卡尔·林奈的著作则是人类首次对地球上纷繁复杂的生物世界进行系统性的分类尝试。卡尔·林奈通过比较大量生物的外观特征和解剖结构，根据观察所得的差异将它们分为不同的单位，即分类单元。可是，生命的多样性是如此丰富，因此通过有性生殖产生的两个生物之间并不存在完全相同的生物个体（除了一卵双生的孪生兄弟）。尽管两个生物在外观特征上可能存在显著差异，但仍然属于同一物种。我们可以这样来理解：就好比按照同一份说明书组装两个衣柜，然后根据个人喜好将一个衣柜涂上适合卧室的温馨色调，另一个则涂上适合客厅的典雅色调。尽管它们的颜色和大小不同，但仍然都是属于"衣柜"这一类型的家具。现在想象一下，林奈当时必然有非常多的困惑。他第一次见到你家里的所有家具，也就是自然界中的生物，并试图将它们归类到一个系统中。在林奈的时代，他还无法解读生物的基因，并将其用于生命分类。因此，他仅仅依靠观察到的外观属性，将生物划分成三个界："动物""植物"和"矿物质"。

如今，我们在回答分类问题时拥有了完全不同的方法，远远超过了卡尔·林奈的时代。我们可以查看生物的基因，从而准确地研究它们之间的亲缘关系。如今，依托这一技术，我们能够确定一位父亲是否为其子女的生物学上的父亲。以前，鸟类被视为忠诚的典范，但亲子鉴定显示，并非只有雄性会出轨。雌性动物同样有可能在某些情况下受到诱惑，导致它们在伴侣的巢中产下并非亲生的卵。

4. 两个、三个、好多个——群体交流

在一个群体里共同生活并不容易：当许多生物相遇，或者居住在同一个地方时，彼此的利益就会发生冲突。一个想要这个，另一个想要那个——很快就会爆发关于食物或交配伴侣的争斗。甚至在最和谐的家族中，也可能发生严重的冲突，比如当年轻的雄鹿变得成熟并与年老雄鹿竞争时。

群体、家庭——这就是动物共同生活的方式

在动物界中，存在各种不同的生活模式。有些动物偏好独居，只有在寻找交配伴侣或共享食物源时才会与同类相遇。另外一些动物遵循着一种阶段性的群体生活，并在特定时期与群体分离，例如当幼崽长大并开始独立生活时。还有一些动物则长期生活在大群体中，并相互帮助寻找食物或抚育后代，比如蜜蜂的蜂群。在这样的群体中，个体往往处于匿名且开放的状态，彼此间并无直接的个体识别，保持着一定的社交距离，只有在遭遇危险或寒冷侵袭时，它们才会紧密相依。群体生活的一大益处，便是能够共享体温，即使在寒风凛冽的夜晚，动物们通过彼此的紧紧相拥，也能感到温暖舒适。

蜂群、鸟群或鱼群是此类匿名且开放群体的典型例子。可是，也有一些昆虫如蜜蜂、白蚁或蚂蚁，它们生活在封闭的匿名群体中。在这些昆虫社会中，成员从出生开始就属于其中，它们终身都属于这

个社会——彼此间命运相依，同甘共苦！许多哺乳动物，如猴子、野兔或羚羊，也生活在封闭的社会系统中。与匿名的昆虫社会不同，在这里，群体成员通过个体化的沟通信号来相互识别。这些封闭社会中的共同生活，往往依赖于一个明确的等级制度，这种等级制度则是通过公开的斗争来决定的。一旦确定了谁拥有主导地位，通常只需通过威胁姿态就足以维持秩序运转。在这样的封闭且个体化的团体中，成员往往不可或很难被其他同类替代。家庭，作为一种封闭且个体化的组织，至少有父母一方与后代一起生活——人类就是一个典型的例子。接下来，让我们更仔细地研究一下这些不同的共同生活的形式，尤其是群体内部的交流方式。

是鲱鱼干的

一个群体内的个体彼此并不认识——因此，当电影镜头展示出鸟群或鱼群如何和谐地作为一个整体移动时，就更令人感到惊讶。视觉信息，如颜色或运动，会被用于动物之间的交流，从而保持了群体的凝聚力。而下面这个源自瑞典海军机密档案的故事，则揭示了鱼类甚至具有利用声音来协调同类的能力。1993 年，一群鲱鱼给瑞典海军制造了一个巨大的谜团，甚至该事件被提升到了国家安全的高度。当时瑞典一艘潜艇的声呐多次捕捉到可疑的信号——声呐是一种通过发射声波来探测水下物体的设备。船员们一致认为：接收到的信息无疑来自俄罗斯的潜艇！瑞典方面多次探测到这种神秘的水下声音，但他们却无法确定这艘所谓的俄罗斯潜艇的位置。为了解开这个谜团，瑞典海军甚至请来了两位海洋生物学家。事实证明，这是一个好主意。最终，生物学家找到了潜艇接收到的信号的来源。令人诧异的是，这些信号与俄罗斯毫无瓜葛！大型的大西洋鲱（*Clupea harengus*）群体会产生上升的气泡，这些气泡干扰了瑞典潜艇的声呐系统。然而，直到多年后研究人员才公开了这一令人惊奇的发现，因为有关"鲱鱼事件"的信息需要保密。

通过视频录像，加拿大和苏格兰的科学家发现了鲱鱼产生大量气泡的具体方式以及原因。在人类社会中，公开放屁通常会导致被群体排斥。但对鲱鱼来说并非如此。这些动物会故意释放气体，以保持鱼群的凝聚力。与媒体新闻报道的标题不同，从鲱鱼身上释放出的气体并非消化气体。所以，那不是真正的"放屁"，而是用于水下交流的方式。事实上，鲱鱼会主动将空气从它们的游泳囊排放到肛门，并由此产生脉动声音。鲱鱼以 22 千赫兹的频率连续快速发出脉冲声，在水下可以听到的时间长达 8 秒。与其他大多数鱼类不同，鲱鱼除了鱼鳔还有一些突起物，这些突起物可以放大声波并将其传递到内耳。因此，它们能够相对较好地听到声音，通过气脉冲产生的冲击波可以在夜间协调鱼群时发挥作用，因为在这个时候，视觉信息无法正常工作。"是鲱鱼干的！"未来可以用来当作一个可行的借口，以掩饰在水里不小心放屁导致水面出现气泡时的窘境。

蜜蜂间的对话

我父母的邻居是一位养蜂人，每年夏天，蜜蜂都会在我们的花园里飞来飞去。尽管母亲对它们为她的花朵和果树授粉而感到高兴，但父亲却经常被蜜蜂蜇伤。作为一种补偿，我们的邻居偶尔会送给我们一罐蜂蜜。在我年幼时，我特别喜欢这甜蜜的美味，但我经常也会思考，蜜蜂是如何找到它们的食物的。在我学习的过程中，我得到了详细的答案，也再次对大自然在沟通方面的创造力感到惊叹。

在蜜蜂社群中，正如人类社会一样，蜜蜂也存在劳动分工。侦查蜂的任务是飞出去寻找花朵的甜美花蜜。一旦有所发现，侦查蜂便会从丰富的食物源中采集独特的气味样本并返回蜂巢，然后说服负责采集的其他同伴前往这个被探索过的地方。如果你不能使用声音来告诉同伴那里有丰盛的食物可以采集，你会如何向它们传达这个信息呢？这时候，身体语言就成了成功的关键！如果花蜜来源就在附近，距离不超过100米，侦查蜂会跳一种环绕舞。它会在圆圈内左右转动。舞蹈的活跃程度越高，意味着花蜜的丰富程度越高。为了证明自己的发现，侦查蜂会带着食物源的气味样本作为证据。如果花蜜的位置距离较远，侦查蜂会改变它的"舞蹈方式"，由环绕舞转换成摆尾舞，这是一种类似于八字形的舞蹈。侦查蜂通过这种更复杂的舞蹈传达了关于食物源方向和距离的信息。它们不仅以视觉方式进行沟通，还通过声音与同伴交流。由蜜蜂的翅膀运动产生的机械振动，频率可达200赫兹。在跳抖动舞（或称为清洁舞）时，蜜蜂会快速地用脚轻轻踏步并颤动身体，并尝试在这个过程中清洁自己的翅膀。在与另一只蜜蜂接触时，会将机械振动传递给邻近的蜜蜂，通过抖动来影响它们。为什么要进行这样的抖动呢？这种振动似乎能够相互"唤醒"蜜蜂，激发它们进行某些行为，比如相互清洁身体。幸好，人类拥有自己的声音。或者，这样的抖动舞也是一种美妙的交流方式？

西方蜜蜂（*Apis mellifera*）在环绕舞中使用一系列身体动作来向同伴描述食物来源的位置。一旦这个食物来源距离超过 100 米，侦察蜂会将舞蹈转变为摆尾舞。

家园的气味栅栏

现在，让我们揭开一个秘密，即动物是如何通过共用厕所——也就是沟厕来进行交流的。在许多哺乳动物的个别组织中，将粪便和尿液集中在一个地方有着重要的沟通作用。因此，生活在群体中的动物通常会共享一个拥有丰富食物和对抗敌人的保护区域，这个区域也被称为领地。它们会共同协作来保卫领地，防止其他入侵者进入。狐狸、羚羊或野兔等动物会通过使用沟厕来标记自己的领地，并通过这种方式在视觉上展示出自己的家园边界和其他群体的界限。在对不同动物种类的野外研究中，人们注意到在领地边界上通常存在特别大的沟厕。在交配季节，高级别的雄性动物会巡视这些位于领地边界的沟厕，并通过频繁的标记来进行更新。对于位于前线的沟厕付出如此大的努力是值得的，因为在交配季节中，雄性动物不仅要竞争配偶的交配权，还要面临自己的领地被外来竞争者夺走的风险。我们可以把这些位于领地边界的沟厕想象成沿着私人土地设置的大型标志牌"禁止入内，家长看管好孩子"。哺乳动物通过粪便的形式将信息传达给不属于同一群体的同类动物，以防止它们觊觎并侵占自己的领地。建立这样的气味界线虽然需要一些成本，但收益颇多，因为"沟厕栅栏"就像一种警告——是一种非暴力的沟通方式。通过它们的大小和气味传达了坚定保护财产和领地的严肃态度。在入侵者盲目地与领地主人争斗之前，它可以通过沟厕中的睾酮浓度来自我评估，衡量自身实力是否与群体中的最高等级的雄性相当，或者是否会失败。

沟厕安全系统——你不能进来

为什么说使用沟厕甚至可以挽救生命，这在"狼和七只小羊"的童话中也有所体现。小时候我特别喜欢这个故事，可不仅仅是因为故事的主题与我的姓氏很搭。[9] 在格林童话中，狼称自己是小羊们的妈妈，试图说服七只小羊开门让它进去。在经过了两次失败的尝试之后，狼吸取了教训，第三次不仅模仿了羊妈妈尖尖的声音，还将自己的爪子从深黑色染成了像羊一样的白色。甜美的嗓音和白色的爪子成为小羊们识别羊妈妈的关键信号。小羊们上了狼的当，打开了门，而悲剧也就此发生。狼一口气吞下了六只小羊。多亏有一只小羊特别聪明，最终救了所有小羊，狼落了个失败的下场。我想表达的是：这七只小羊本可以避免这种噩梦，只要其中一只小羊想到要求门口的访客提供新鲜的粪便或尿液样本！披着羊皮的狼很快会被识破，因为即使是格林童话中的狼也很难伪造出这种独特的气味。

---

⑨　译者注：作者姓 Ziege，字面直译为羊。

事实上，真实生活中许多动物都会利用化学信息来辨认同类个体。那么，有什么比新鲜的动物粪便更适合作为个体的气味名片呢？与沟厕栅栏不同，在野兔群体中，所有成员都使用位于领地中心的沟厕，即使是几个月大的幼兔也不例外。通过共用中心沟厕，每个群体成员都留下了自己独特的气味。这些气味在共同的沟厕中混合形成一种独特的"家庭气味"，群体成员在使用沟厕时会自动感知到。这也是为什么年幼的野兔会在家附近的沟厕打滚的原因。如果它们的毛发上没有保留下这种气味，理论上它们也就不属于这个群体。即使对于成年动物来说，自家厕所的气味似乎也能带来归属感和安全感。这些位于巢穴附近的中央排泄区域使得所有群体成员能够及时了解每个个体的重要信息，例如社会地位或交配准备情况。因此，"自家厕所"在群体交流中起着重要的作用，就像我们晚上在酒吧聚会，或早晨在餐厅与办公室的同事们一起喝咖啡聊天一样。

换个方式来管理——请想象你是一只獾

说到办公室，建立一个沟厕沟通网络与企业管理有什么关系呢？我认为非常有关系！像人类一样，动物也有一定数量的资源，如时间和能量。特别是对于獾或野兔来说，建立一个沟厕沟通网络会涉及许多关于经济和时间管理的决策。下面，我邀请你进行一次思维实验，以向你说明我的意思。

想象一下，你是一只獾，需要建立一个沟厕沟通网络。请拿起纸和笔，给自己一点时间。在纸的中央画一个十字形，代表獾的巢穴。然后在巢穴周围画一个圆圈——这是你领地的边界。你的獾群中还有其他成员，你们可以共同建立和维护大约 15 个沟厕。现在，请根据你自己的判断，在纸上分配这些通信中心的位置，目标是保护领地的边界，并建立用于群体通信的中央沟厕。在这种情况下，你都需要考虑哪些问题? 我们假设以下情况：你的领地位于一个热门地区，竞争激烈，有许多潜在竞争对手。因此，如果你不想经常与不请自来的访客纠缠，保护领土边界就变得非常重要。那么，你是否应该将所有的沟厕都设置在领土的边缘? 但是，这样会对内部沟通产生什么影响呢? 需要多少个沟厕才能使你的群体成员彼此之间能够进行交流? 请你也要考虑到，通过设置中央沟厕，你可以标志领地中的重要资源，形成"禁止触碰——我的"的领土标记。这些资源包括獾的巢穴以及富饶的食物区。这些沟厕一旦建立起来，你还需要定期进行检查和更新。正如前面提到的，你的领地非常广阔，从巢穴到领地边界的每一段路都需要花费大量时间。这里就涉及一个成本与效益的问题：为了保护你的领地免受敌方侵占，你需要在边界上建立多少个沟厕? 建立和维护的沟厕越多，那也就意味着用于其他活动（如觅食或交配）的时间越少。毕竟，谁愿意用一小时的时间来维护沟厕，而不是享受一段宁静的时光呢? 你可以看到，建立这样一个沟厕沟通网络并非易事，需要进行真正的成本效益计算。

因此，哺乳动物实际会采用不同的沟厕策略也就不足为奇了。例如，非洲斑鬣狗（*Crocuta crocuta*）会建立相对较小的领地，并在边界上设置许多沟厕。而棕鬣狗（*Hyaena brunnea*）却拥有非常广阔的领地，只不过与斑鬣狗相反，它采用了一种"腹地战术"的策略。棕鬣狗不会在领地边界上设置大量沟厕，而是在其领地内分散设置粪便和尿液排泄点。通过计算机模型研究发现，这种沟厕的分布方式实际上是最为合理的选择，因为它能够增加入侵者遇到"禁止进入"标志的概率。对于棕鬣狗来说，这种标记方式显然是在成本和效益之间取得了平衡。

对于欧洲獾（*Meles meles*）来说，在领地内部的中央沟厕被称为"腹地沟厕"，因为领地边界上的沟厕和位于中心的沟厕之间通常相隔几百米。来自英国的研究人员想要了解，在相似规模的獾群中，针对不同大小的领地，獾采用哪种沟通策略作为最佳解决方案。领地越大，獾建立的沟厕就越多。一些獾群拥有超过 80 公顷的领地，相当于将近 60 个足球场的面积。在这些大型领地中，由多达 70 个沟厕组成沟通网络，其中大部分作为气味栅栏设置在边界上。研究人员注意到，与较小领地中的沟厕相比，这些大型领地中的沟厕少有新鲜的粪便。换句话说，虽然獾在大型领地中建立了更多的沟厕，但使用频率较低。我想问的是，獾、野兔等动物是如何知道什么是它们沟通策略的最佳解决方案的呢？这让我又一次对大自然中的知识和智慧感到惊叹，或者应该说，让我对动物的沟厕感到惊叹。

欧洲獾（*Meles meles*）在自然环境中利用沟厕来标记领地的边界以及领地内的重要资源。根据领地的大小和獾群的规模，边界沟厕的数量以及沟厕位置的更新频率会有所不同。

第三部分

如果一切都改变了
会怎样？

第六章　如果动物离开森林

　　众多生物之间成功的信息交流案例，无一不是发讯者和收讯者之间精确协调的结果。这种信息网络的发展还受到生活环境的深刻影响：收讯者在哪里？有哪些可用的通信渠道？在传递信息中有哪些障碍需要克服？所以，一个运作良好的沟通系统需要历经数代的磨合——但是，当情况发生变化时会怎样呢？生命的一个重要特征是适应不断变化的生活环境，并不断演化。当然，这也适用于信息的发送和接收。

只有强者才能进入城市花园

　　柏林的野猪、卡塞尔的浣熊或奥斯纳布吕克的睡鼠——近年来关于城市中野生动物的报道越来越多。显然，不仅人类被大城市吸引，动物中也存在一种逃离乡村的现象。这一趋势的根源在于人类对自然生态环境的持续开发与利用。集约化农业和城市化的快速推进，迫使野生动物离开原本宁静的栖息地，转而寻找新的生存空间。相较于开放和空旷的乡村，城市中的公园、花园和绿地为各种动植物提供了众多适宜的"居住场所"。因此，那些特别"勇敢"、不会因为一个路过的行人而惊慌失措的物种似乎更容易在城市中安家。此外，"创新思维"和"灵活性"也是必需的，以便能够充分利用城市所提供的众多优势，如食物来源、筑巢和藏身之处。因此，我们不难发现，那些能在城市环境中高密度繁殖并频繁与人类发生冲突的动物，如狐狸、野猪或浣熊等，往往是具备这些特质的"佼佼者"。此外，城市生活空间中也常常可见外来植物的身影，它们因美丽的外观而被人类引入，尽管它们原本并不属于这片土地。从生物学的角度来看，这些外来物种也传达了不同的信息，这可能是生态系统中生物之间关系长期变化的原因之一。

为何多伦多的新垃圾桶成了失败之作？

在研究生物间的沟通交流机制时，城市环境无疑提供了一个尤为独特的视角。相较于自然环境，城市的生活条件变化更快，只有那些能够适应这种变化的物种才能在城市中长期生存下去。以下，加拿大多伦多聪明的浣熊（*Procyron lotor*）的故事展示了一些动物对此超强的适应能力。

这些可爱的动物经常会翻垃圾桶，寻找城市中每天产生的食物残渣。在夜晚，它们会从藏身之处出来，轻松地推倒垃圾桶，拿走它们需要的东西。第二天早上，散落一地的垃圾证明了这些浣熊在夜间的活动。多伦多市政府对这种街头日常景象感到十分厌烦，并于 20 世纪 90 年代末决定切断浣熊的食物来源。当时恐怕没有人预料到这些动物会有多么难以愚弄！市政府投入了数千万元，购买了专门针对浣熊设计的新型垃圾桶，希望能够解决这个问题。这些垃圾桶采用了螺旋盖，并且配备了两个侧面的锁扣。我丈夫就是在加拿大安大略湖畔的这座城市长大的，他还清楚记得当时媒体上关于"多伦多浣熊防护垃圾桶"的报道。这些耗资数千万元的所谓防浣熊垃圾桶投资很快被证明徒劳无功，因为它们只是在最初几周内阻止了浣熊的夜间劫掠行为。浣熊很快学会了如何打开侧面的锁扣和螺旋盖。第一代防浣熊垃圾桶失败之后，马上又推出了配备额外闭锁装置的 2.0 版本，但仍然无法阻止浣熊的入侵。垃圾桶旁的摄像机记录下了浣熊惊人的耐心和克服各种障碍的实验精神。它们攻克垃圾桶的过程被拍摄了下来，这些浣熊一举成了多伦多媒体上的大明星。现在，在互联网上可以找到无数关于"浣熊打开垃圾桶"的视频，这些视频在娱乐价值上完全不逊于备受欢迎的猫咪视频。那么，是什么使浣熊成为如此出色的垃圾桶入侵者，这与信息交流又有什么关系呢？

首先，浣熊的身体构造具备天生的优势。和相扑选手一样，它们的大部分体重集中在下半身，导致身体重心非常低。这使得浣熊能够发挥出强大的力量，甚至能够移动比它们自身重数倍的物体。此外，浣熊和人类一样拥有一个可旋转的拇指，可以抓取和操控物体。多伦多市政府无意中为浣熊提供了学习和适应的机会，使它们逐渐变得越来越聪明。随着每一个版本垃圾桶的推出，这些浣熊不断学习新的技巧。只要几只聪明的浣熊掌握了窍门，其他同类动物便会通过观察它们，学习并利用所获得的信息提升自己破解垃圾桶的能力。即使是浣熊幼崽也会通过母亲的教导，学习如何打开垃圾桶。

一项于 2017 年发布的关于大型食肉动物神经元数量的研究报告指出，浣熊具备出色的智力，其大脑中具有与灵长类动物（包括人类）相似的神经元密度。在我公婆家附近的社区里，现在有一些小木屋用来存放垃圾桶并用挂锁锁住。这些垃圾桶被紧密地摆放在木屋内，不再会轻易被推倒。但谁又知道，将来浣熊是否会学会破解挂锁呢？

桦尺蛾的故事

在我们的城市里，环境条件对其他生物在信息传递方面提出了全新的挑战：持续的噪声、被污染的空气或受到废物污染的土壤都阻碍了听觉、视觉或化学信息的传播。如果一个生物想要在城市生活环境中成功地发送信息并进行交流，它就必须想出一些新的创意。

桦尺蛾（*Biston betularia*）的故事就是其中一个例子，这个故事始于 19 世纪中叶的工业革命时期。在 1848 年之前，英国广泛分布着原始形态的桦尺蛾。夜行的桦尺蛾，因为白天栖息在白桦树干上静止不动，颜色明亮，并带有一些与桦树的背景色非常相似的深色斑点，而由此得名。这些深色斑点是由黑色素的含量决定的：黑色素越多，桦尺蛾的颜色就越深。在人类身上，黑色素的含量则决定了皮肤的颜色。然而，在 1848 年，英国曼彻斯特突然出现了一种颜色更深的桦尺蛾变种。可是，这个"异类"是从哪里来的呢？英国昆虫专家詹姆斯·威廉·图特（James William Tutt）通过观察，提出了一个可能的解释。他注意到，当时英国的工业化进程明显影响了城市及其周围的环境。空气中弥漫的二氧化硫杀死了树皮上的地衣植物，而工厂排放的煤烟如同一块黑色地毯覆盖在大地上。对于图特先生来说，事情十分明了：此时，那些颜色明亮的桦尺蛾已经无法适应它们的栖息地，因为树干也被烟尘染黑。只有颜色更深的飞蛾变种在白天才会更难被鸟类发现，因此也更少被捕食。他的这一理论在同行中并未得到广泛认可。其他蝴蝶专家和鸟类学家都对桦尺蛾白天会被鸟类捕食，以及飞蛾的不同颜色会对其生存产生影响表示怀疑。

直到 20 世纪 50 年代，英国遗传学家兼蝶类研究员亨利·凯特威尔（Henry Kettlewell）对此进行了更深入的研究，并策划了针对桦尺蛾的野外实验。他在两个不同的区域放飞了深浅两种颜色的飞蛾。一处位于伯明翰的一片混合林地，该地区深受工业化的影响。另一处位于英国多塞特郡的南部，那里的污染相对较少，树上的地衣也仍然可见。清晨，凯特威尔将深浅两种颜色的飞蛾放飞到这两个地区的树干上，晚上再去统计剩余飞蛾的数量。他的目的是，通过这个实验证明，在受到工业化严重影响的地区，深色飞蛾变种能比原始的明亮形态更好地生存下来。凯特威尔在实验中利用了飞蛾的一个特性：它们白天几乎不会离开栖息的树干。这一特性也确保了桦尺蛾到了晚上没有停在原处的原因并不是它们简单地飞走了，到其他树干上快活去了。在另一个实验中，凯特威尔为深浅两色的飞蛾做好标记，并将它们放飞到位于伯明翰的研究区域。随后，他又用对桦尺蛾极具吸引力的气味陷阱重新捕获这些昆虫。通过详尽的数据分析，凯特威尔有力地证明了，在空气严重污染的英国地区，

　　　　　　　　　　　　森林不寂静｜动植物如何交流

这种新出现的深色变种确实拥有更好的生存机会。重新捕获的深色桦尺蛾比浅色桦尺蛾要多出一倍以上，放飞到树干上的深色桦尺蛾更容易有一个美好的结局。不过，关于这种神秘的深色桦尺蛾的研究并未到此为止。直至 1979 年去世，这一课题始终是他倾注心血的焦点。在此之后，这种体长可达 55 毫米的飞蛾依然吸引着科学界的广泛关注，只不过关于这种新的颜色变种到底来自何方的问题仍然没有答案。

桦尺蛾（*Biston betularia*）因其原始品种的颜色与明亮的白桦树干相似而得名（左侧）。随着英国的工业化进程，出现了深色的桦尺蛾变种（右侧）。

尤其是在 20 世纪 60 年代，通过遗传学方法，我们对桦尺蛾的颜色如何变化有了更深入的了解。2016 年，英国利物浦大学的科学家在《自然》杂志上发表了人们期盼已久的答案：1848 年桦尺蛾异常深的颜色源自 DNA 基因的突变，其中包含了产生黑色素的信息。科学家甚至能够将这个变化的时间点追溯到大约 1819 年!

城市中的黎明之歌

在城市中，那些主要依靠听觉信息进行交流的生物面临着巨大的挑战。汽车、飞机和电子设备所产生的噪声使得城市相当喧闹，因此也产生了低频率声波。而这些低音尤其对那些同样使用低音来与同类沟通的鸟类造成了干扰。它们不仅要与城市中的嘈杂噪声相抗衡，还必须应对在发送听觉信息时周围建筑物产生的干扰。与森林中的树木相比，混凝土地面和建筑物会以截然不同的方式反射声音。因此，也就不难理解，为什么城市中的鸟类通常会比在乡村用更高的音调歌唱。人们对生活在城市中的动物，尤其是瑞士苏黎世乌鸫的声音交流方式进行了深入研究。城市中的乌鸫不仅会发出更响亮的叫声，还会通过提升的音调来掩盖住城市中的噪声。而在英国谢菲尔德市生活的欧亚鸲[①]（*Erithacus rubecula*）则采用了另一种策略：在城市中，雄欧亚鸲比它们的乡村亲戚起得更早，它们在天还没亮之前就开始鸣唱。此时的谢菲尔德市仍沉浸在宁静之中，城市的噪声也要少得多。而造成这些"早起的城市鸟儿"的另一个原因可能在于城市中的持续照明。在自然环境中，鸟类的鸣唱行为通常是根据日出的光亮逐渐增强开始的。可是城市的街道上，由于路灯的照耀，夜空从未真正变暗，所以鸟类又如何知道什么时候该起床呢？

为什么城里獾彼此无话可说？

城市的生活方式对野生动物的交流模式产生了深远的间接影响。与生活在乡村的同类相比，生活在城市中的狐狸、野猪和浣熊用来觅食的时间显著缩短，而城市中丰富的食物资源也导致它们的活动范围变小了。这意味着，城市中的野生动物不再需要到很远的地方去获取食物。城市中的野生动物通常也会"节约"时间，因为

---

① 又叫知更鸟、红襟鸟。

它们习惯了人类持续不断的干扰。相比生活在乡村的同类，它们很少表现出躲避行为。例如，对于欧洲野兔来说，在城市中遇到掠食者的风险相对较低。尽管城市中依然存在猛禽或狐狸等天敌，但这些天敌更倾向于选择那些人类在整个城市范围内留下的易于获取的食物残渣作为食物来源。在自然环境中，共同防御大片领地、一起寻找食物，或更好地抵御敌人的攻击，都是动物们"忍受"群体生活的重要原因。可是，群体生活并非全然有益：疾病在群体中传播更快，而在社会等级中争夺最佳位置也可能带来长期的压力。在城市中生活的野生动物是否更适合独自行动，因为城市环境中的群体生活存在更多不利因素？

为了解答这个问题，人们特地观察了群居哺乳动物（如野兔或獾）在"城市"生活环境中的生存表现。欧洲獾在乡村中非常看重通过沟厕建立一个高效且良好发达的信息传递系统。它们辛勤地在这些沟厕中建立"气味栅栏"，用以标记领地的边界，显然保护领地免受外来入侵者的侵害对于它们来说有着极高的优先级。在英国的布里斯托尔和布莱顿这两个城市，科学家进行了两项不同的研究，探究了城市里獾的交流行为。然而，无论是在布里斯托尔还是在布莱顿，寻找獾的沟厕的结果都令人惊讶。在这两个城市中，研究人员没有找到一处獾的沟厕，无论是在它们领地的边界还是在它们的巢穴附近。为什么英国城市里的獾不再重视标记它们的领地呢？科学家仔细观察后发现，城市中的獾拥有与乡村地区的同类不同的社会结构。通常情况下，獾生活在具有非常紧密社会联系的群体中，并共同保卫包含食物源的大型领地。不过，城市里的獾更倾向于保持较为松散的社交关系，较少与同类结伴活动，这里过剩的食物似乎使它们无须再组成群体一起寻找食物。生活在布里斯托尔和布莱顿的城里獾可能会觉得自己像是置身于一个似乎永远不间断地供应食物的"超级便利店"。

1. 当德国 DAX^② 指数与野兔相遇

现在是时候揭开法兰克福野兔的神秘面纱了。欧洲野兔堪称一种兼具"勇敢"与"适应性强"的物种，它们不仅成功融入了城市环境，还摇身一变，成了令当地居民颇为头疼的"问题动物"。尽管德国众多乡村地区近年来野兔数量呈下降趋势，但在柏林、慕尼黑、汉堡等德国大都市中，野兔的族群却以一种令人瞩目的速度迅速增长。值得一提的是，早在东德时期，这些机敏的小家伙便已在柏林墙周边留下了它们的"勇敢足迹"，无视那道戒备森严的边界，自如地在墙根挖掘隧道，穿梭往来。如今，位于查瑟大街上，昔日以"死亡地带检查站"闻名的地点，现已转变为卡拉·萨切（Karla Sachse）艺术项目的"兔子领地"，以此向那些曾秘密穿越柏林边境的野兔致敬。在我 2011 年开始进行博士研究时，野兔也没有放过法兰克福的公园和绿地——这让市政府感到十分头痛，多年来一直试图借助猎人之力，以期控制野兔数量的激增态势。

用探照灯和点击计数器跟踪野兔

当我了解到有关獾的研究结果时，我猛然意识到：仅仅研究野

---

② 即 Deutscher Aktienindex，是德国乃至整个欧洲最重要的股票指数之一，直接反映了德国国内的经济状况。

兔在城市和乡村之间的沟厕分布并不能概括故事的全貌！我还需要了解更多关于这些动物在特定区域的群体数量以及它们如何建造巢穴的信息。当夜幕降临，所有野兔离开它们的洞穴时，我和我的团队队员会手持手电筒和计数器，踏上探索之旅。我们穿梭于星光闪烁的乡村黑莓灌木丛和太阳升起前的法兰克福城市绿地间，追踪着这些小动物的踪迹。在现有文献中已经介绍了，我们是如何一点一点揭示野兔种群数量的。为了测量 17 个研究区域中的城市化程度，我设计了一种全新的方法：我将人类干扰程度和建筑区域占比纳入考量，然后根据这两项指标计算出了一个城市化指数。此指数的高低直接反映了野兔栖息地的城市化程度。借助这种方法，我得以探究城市化指数是否与野兔的交流行为之间存在某种关联。幸运的是，这一过程中当地的猎人协会给予了我极大的帮助。他们配备了猎犬和雪貂，帮助我们寻找野兔。首先，猎犬在研究区域里搜索所有地下巢穴。紧接着，轮到雪貂登场。一旦雪貂追踪到野兔，它们便会发出点击声，表明野兔逃到地面，并跑向预先设好的铁笼。猎人们事先用这些笼子封锁了所有的洞穴出口。这样，我不仅获得了"野兔公寓"当前居民的数量，还了解了每个巢穴的出口数量。

大城市里的小洞穴——野兔的家园

我们的研究揭示了一个引人注目的现象：野兔的种群密度确实随着从乡村向城市的过渡而呈现出逐渐增长的趋势。具体而言，在法兰克福歌剧院前 1 公顷的土地上平均有 45 只野兔在闲逛。而在最偏远的乡村研究区域，从统计学角度来看，野兔的数量几乎可以忽略不计。此外，我们通过"雪貂行动"还发现了有关野兔的社交行为。在法兰克福市中心，野兔的居所主要是小型洞穴，这些洞穴配备不超过6个出入口。这些小型洞穴通常只有几只野兔居住——甚至有些只有1对或1只野兔。然而，在乡村地区，随着野兔群体不断壮大，它们的挖掘活动也会变得相当壮观。在那里，有一些巢穴竟拥有50多个出入口，足以容纳多达15只野兔。城市与乡村野兔之间的另一项显著差异体现在它们截然不同的活动习性上：在田野里，野兔通常只在黄昏时分才敢冒险露出地面；相比之下，城市里的野兔尽管受到人类的干扰，却在白天也十分活跃。一旦离开洞穴，与乡村的同类相比，城市野兔只会花费一半的时间来观察潜在的掠食者。简而言之，法兰克福的城市野兔采用了与乡村同类截然相反的生活方式：它们居住在较小的洞穴中，始终处于不断奔波的状态。因此，当媒体将我的研究成果——关于城市野兔行为模式——与当代城市居民中常见的单身、快节奏生活方式相提并论时，我不禁会心一笑。

为什么城市野兔比乡村野兔更喜欢建栅栏？

让我们再次回到之前的情境：动物如何利用洞穴进行交流，关键取决于地区的种群密度、群体和领地的大小，以及遭受掠食者袭击的可能性。所有这些因素对于法兰克福的野兔来说都发生了变化，因此我意识到，城市野兔与乡村野兔必定采取了不同的交流方式。于是，我和我的学生踏上了寻找沟厕的道路，我们在法兰克福及其周边的15个研究区域——从乡村中繁茂的覆盆子树丛和果园，直至法兰克福歌剧院前精心修剪的绿茵草坪，我们总共发现了3 273个沟厕。我们的研究不仅聚焦于沟厕与各个兔窟之间的距离，还深入考察了新鲜粪便的数量，以此揭示沟厕当前的使用活跃度。从田野回到书桌前，我的猜想得到了证实：它们在沟厕交流上确实存在差异！随着城市化程度越高，野兔更倾向于在离洞穴一定距离处布置沟厕，就像是一种"气味栅栏"。因此，"栅栏沟厕"比直接建在洞穴旁的沟厕要大得多，也更密集。对此一个可能的解释是，随着法兰克福的高楼大厦不断涌现，空间变得越来越有限，野兔们对于一个优质领地的竞争也随之增加。所以，对于城市野兔来说，通过沟厕设置气味栅栏变得尤为重要，这样它们就能继续保持地主的地位。与此同时，在洞穴附近的沟厕进行小组交流的重要性逐渐减小，这与乡村地区的研究区域形成了鲜明的对比。在乡村研究区域，许多野兔沟厕直接位于它们的洞穴附近，而边缘位置上只有少数的沟厕。显然，在洞穴附近频繁进行标记对于群体内部的沟通至关重要。在拥有多达 15 个住户的"兔子公寓"中，这种内部信息交流非常必要。可是，乡村野兔似乎很少出现邻里问题，因为下一个洞穴往往相距数千米。在这样一个宽松的居住环境中，也就不需要对领地边界进行密集标记了。

　　欧洲野兔（*Oryctolagus cuniculus*）是一个典型的例子，它通过沟厕与群体内的同伴进行交流。而建在洞穴周围的沟厕则向来访的野兔显示了领地的边界。

插曲——法兰克福的野兔现状如何？

2014年12月，我完成了对法兰克福野兔的数据收集工作，并回到了我在勃兰登堡州的家乡。当时，仍然有大量野兔栖息在黑森州的这座大都市中，我确信无疑的是，城市猎人们在未来几年里将继续应对所谓的"野兔泛滥"问题。然而，我和猎人都没有料到，情况会如此迅速地发生变化。随后的几年间，我经常造访法兰克福，却惊讶地发现每次见到的野兔越来越少。曾经兔群密布、可以轻松地遇见兔子，而如今几乎已经看不到它们的踪影，或者只有零星的几只。2018年9月，我带着一支电影拍摄团队回到了我曾经的研究地区——这是一部探讨全球野兔及其生存空间的纪录片。在当地猎人的协助下，我再次与拍摄团队一同追寻那些野兔的踪迹，结果却令我震惊不已：曾经高密度的野兔群似乎大幅减少了！回想四年前，我还在法兰克福歌剧院前的绿地上见过20只野兔，而到了2018年，那里仅剩下4只。法兰克福的城市野兔到底怎么了？也许它们重新回到乡村了呢？

在与城市猎人和对此感兴趣的市民交流后，我们得出了两个可能的原因，深刻影响了野兔的生存状况：①一种对野兔致命的新型RHD[③]病毒导致野兔数量急剧减少；②法兰克福地区原本适宜野兔栖息的环境，在近几年逐渐变得不再友好。野兔喜欢在绿意盎然的树篱和灌木丛中筑巢，以寻求庇护。在我进行博士研究期间，由于绿地上植被过于茂密，有时候我几乎无法对它们的洞穴进行更详细的研究。而到了2018年，这些以前隐藏在茂密灌木丛中的野兔

---

③ 即Rabbit Haemorrhagic Disease，是家兔和野兔的高度致死性、病毒性传染病。

洞穴突然变得完全暴露了。洞穴入口前繁茂的树叶表明，这里已经没有野兔居住。在 2018 年 9 月，我和拍摄团队再次追寻这些消失的野兔，但没有取得任何成果。一年后，根据城市猎人的反馈，情况并没有改变。"法兰克福野兔"这个谜团对我而言还未尘埃落定，因为我已经收集到有关这些动物在城市区域的来源和健康状况等更多的数据。希望这些数据的分析和发布能为这个谜题带来一些启示。在此之前，我非常期待收到有关我之前在法兰克福及其周边地区研究对象的任何有用线索！

2. 故事的寓意是什么？

至此，我们已经接近这本书的尾声。我不清楚你的感受如何，但对我而言，在探索了自然界中种种信息交换的奇妙实例后，每一天我都被周围生命的新奇所吸引。随着科学方法的不断精进，我们得以窥探生物之间信息交流的全新世界，这是我们以前从未了解过的。如今，我们甚至可以追踪生物对诸如气味分子这样的外界信息，在其细胞层面上做出的反应。回想一下 18 世纪的自然学家们，他们当时将真菌归类为无生命的矿物质。而今，我们已经知道了真菌拥有令人惊叹的信息传递能力！每当我研究最新的研究成果时，总会对那些单细胞生物、真菌、植物和动物之间精确而"富有创意的"交流方式感到惊奇不已。在向你分享我从多年行为生物学研究中汲取的感悟之前，让我们先共同回顾并总结几个最为关键的要点。

一个充满数据的世界

这个世界充满了数据——不仅对于人类而言如此，而且对于所有的生物来说都是如此。当活的单细胞生物、真菌、植物或动物通过它们的受体感知这些数据时，这些数据就转变为信息。根据生物拥有的受体类型，它们可以从周围环境中获得不同的信息。因此，生物的发展与它们的生存环境和"生活方式"密切相关。如果一个生物拥有眼睛，它就能感知视觉信息，例如颜色、形状或运动，并将其用于自己的交流。

当一个生物想要主动向一个收讯者传递数据时，它可以将这些数据打包成一个可传输的包裹，也就是信号。这个信号将数据通过"生态"通道传递给收讯者。收讯者"解开"信号包，用其受体感知数据，从而将其转化为信息。前提是，发讯者和收讯者必须拥有共同的"数据库"，也就是说，它们必须使用相同的语言进行交流。

开花植物似乎"知道"它们的传粉者，比如蜜蜂能感知紫外线范围的电磁辐射，但对于"红色"这种颜色，昆虫则无法辨别。因此，一些拥有在紫外线范围醒目色彩的花朵，实际上是在用蜜蜂的语言与其交流，以吸引它们前来。

接收来自周围环境的信息——现在轮到你了！

人类通过受体——也就是感觉器官——自然地感知周围的环境。我们可以看、听、闻、触摸和品尝。在日常生活中，这些是如此自然，我们往往没有意识到自己每天接收了多少信息。实际上，我们需要所有这些信息吗？可能我们在其他方面甚至因为没有（或不再有）意义而丢失了一些信息？我想请你思考这些问题，并有意识地感知你所接收到的信息。你需要 1 个计时器、1 支笔和 15 分钟的时间。

① 请将你的注意力集中在你所处的环境上，持续 5 分钟，并有意识地观察你的眼睛所能看到的一切。在 5 分钟结束后，记录下你观察到的视觉信息，例如形状、颜色或运动。

你都看到了些什么？

感知	反应

② 接下来的 5 分钟请关注你的听觉感受，专注于你的耳朵。请倾听周围的一切声音，这些声音的来源是什么? 随后，将你所感知到的内容写下来。

你听到了什么？

感知	反应

③ 接下来的 5 分钟，请将你的注意力放在你的嗅觉上。仔细感知你周围的环境，并记录下你所闻到的气味。

你闻到了什么？

感知	反应

④ 现在请你再次审视你的笔记，并在每个感知旁边写下这些信息在你内心引发的反应。不要花太多时间思考，最好是第一感觉。

以下是我的信息列表中的一些例子：

红色连衣裙——诱惑

绿树——放松

食物烧焦的气味 ——生气，已经不是第一次了

咆哮的猫——愤怒

这个练习旨在向你展示，我们时刻都被数据包围着，并将其视为信息。因此，从沟通的角度来看，关键在于收讯者接收到了哪些信息以及他对此做何反应。特定的动作、声音或气味可能会引起我的愤怒，但你却可能对同样的信息完全无动于衷。这也是为什么沟通如此容易受到干扰的原因。即使是说着同样语言的人，同一个词由于收讯者个体的理解不同，可能会有不同的含义，因此也会引发不同的反应。因此，人类的语言很少像化学受体感知气味分子的"锁与钥匙"原理那样精确。幸运的是，人类也会利用这些非语言的交流方式，并且可以通过合适的信息素在异性间弥补可能出现的语言上的错误。一个友好的微笑通常比千言万语更有力，并且在各种语言中都能被理解。

有趣的火车之旅

在旅行中，我经常会经历一些非常有趣的故事——在火车或飞机上的狭小空间里，我很快就会与来自不同国家的旅客聊起来。社会因素如文化、传统和习惯在人类的交流中扮演着重要的角色。颜色和手势可能具有完全不同的意义。例如，在日本札幌的一次会议

上，我犯了一个非常严重的交流错误：坐在我旁边的一个日本年轻人在演讲期间不停地大声吸鼻涕。我友好地微笑着递给他一张纸巾，但令我惊讶的是他满脸愤怒地拒绝了。我环顾四周，发现其他与会者都震惊地看着这一幕。尽管我在出发前认真研读了旅行指南，但我还是忘记了，在日本，递纸巾这个举动简直类似于向对方宣战。在日本文化中，较为高雅的做法是"吸鼻涕"，而不是"擤鼻涕"。而我们不必前往日本也能遇到类似的误会。下面就是一个例子：有一次，我又乘火车从柏林前往法兰克福。我带着笔记本电脑舒适地坐在餐车的台桌旁。就在我眼前，发生了一幕典型的人际交流场景。

一个年长的男士站在餐车的吧台前，打算向吧台后的女服务员点一杯咖啡。

他："请给我一杯咖啡。"

她："是在这里喝还是外带？"

他："您没有杯子吗？"

她："当然有，所以您是想在这里喝咖啡？"

（这时一列火车呼啸而过，淹没了女士的声音。）

他："我没听清楚。我只是想要一杯咖啡。"

她："您是想带走吗？"

（男士的脸慢慢变红，开始出汗，声音变得更有力。）

他："不，您难道没有杯子吗？"

（女士变得更加紧张，嘴角抽动，可以看出她感到被戏弄了。）

她："有，所以您是想在这里喝咖啡吗？"

他："当然，不然呢？"

（她默默地给了他一杯咖啡，然后他付款并给了她 5 分钱的小费。）

这个年长的男士和餐厅女服务员之间的整个交流持续了将近 10 分钟。考虑到这个过程只是为了点一杯咖啡，我认为，在发讯者和收讯者之间的这次信息交流效果欠佳。显然，这个男士不知道"coffee to go"意味着"用杯子装着咖啡带走"。这个男士与女服务员使用的不是同一种语汇。上了年纪使他的听力下降，再加火车上的噪声，使得彼此之间的交流更加困难。在这个例子中，发讯者和收讯者显然没有达成共识，彼此之间没有产生共鸣。对于其他乘客以及作为观察者的我来说，很容易从他们的言谈举止中掌握更多的信息。虽然他们都试图保持友好，不使用过激的语气，但他们的面部表情和身体语言却传达出完全不同的信息。

交流的目的——到底在谈论什么？

"有些对话就像在环形交叉口绕来绕去，没有明确的方向。"

——佚名

为了掌握更多高效的沟通技巧，我们或许无须远求。让我们回想一下生活在群体中的昆虫，比如蜜蜂。它们全身心投入地向众多同伴传递有用的信息。我们还记得："交流的目的是通过发送和接收信息来减少'不知道'。"换句话说，在与他人交谈后，我们应该比之前更聪明。因此，我们也可以通过与同伴的交流，将新的信息作为有用的知识纳入日常生活的决策中。

当我与同伴在沟通中遇到障碍时，我会思考一个重要的问题：这次对话的目的是什么？就像在自然界一样，根据沟通对象的不同，发送和接收信息可能有不同的动机。在之前提到的"双赢局面"中，发讯者和收讯者都能从交流中获得积极的收益。当你面对一个希望与之建立长期交流关系的对话伙伴时，最好从一开始就传递诚实的信息。这种情况在亲人或商业伙伴之间尤为重要。当然，有时在人与人之间，特别是在两性之间，会倾向于夸张和说谎，那就是另一回事了……在一些职业沟通中，有时我会感觉就像掠食者和猎物之间的沟通，关乎着成败存亡。在与老板进行薪资谈判时，你和老板可能对谈判结果有不同的预期。作为"下属"，你希望坚持自己的立场，不被压制。而在其他情况下，我们又可能希望达到完全相反的目标——就像负鼠一样保持低调，或者像比目鱼一样与背景融为一体。在我的导师问及我的出版物的进展情况时，我有时真希望自己也能具备这些技能。

交流的内容——真正需要多少信息？

如果我们知道交流的目的，就更容易发送简明扼要的信息。这种信息不仅可以让发讯者更快地达到沟通目标，还能节省收讯者的时间和精力！在自然界中，动植物并没有时间"绕圈子说话"。它们的信号经过优化，以便于在短时间内传递达到特定交流目标所需的所有信息。可是，由谁来决定哪些信息是重要的呢？没错，完全取决于收讯者的解读！因此，你也可以思考一下，为了成功应对日常任务，你需要哪些信息。或者反过来问，你可以安心地放弃哪些信息？例如，觅食、繁殖或避免压力也是日常沟通议程中的重要部分。

当饥饿驱使我们去餐馆时，发送信息的原因是明确的——获得食物。然而，通常可供选择的美食太多了，因此对于点餐，至少我的回答经常是："我还不确定，我还需要再看看。"大多数情况下，我要花费15分钟才能告诉服务员我想吃什么。很显然：当我们自己不清楚想要什么时，我们也无法清晰地传达这个信息！

为什么与大自然保持联系有助于沟通？

当我们心情放松、头脑清醒时，我们可以更加明确什么对我们才是重要的，以及我们想要与他人讨论的内容。在与他人交流时，我们是感到压力重重还是身心平衡，这两种状态会造成很大的区别。我们都越来越多地活动在像城市这样的人造环境中，这当然会对作为生物的我们以及其他所有非人类城市居民产生影响。研究证实，尤其是生活在城市地区的人常常处于持续的压力之下，而当我们身处自然环境中，如森林、山区或海边时，这种压力便会减轻。

在大自然中，我们可以获得内心的宁静，思绪放缓，身心得到放松。健康的饮食、户外活动和充足的休息，不仅是拥有幸福生活的关键，同时也对你的沟通能力有所助益。

现在走进森林吧！

这本书中的哪个故事最令你着迷？是在黑暗洞穴和深海中的发光信号？还是真菌与植物根系之间的交流？或者是修建沟厕的野兔们？对我来说，每个例子都是大自然中精妙沟通策略的证明，人类应该对此充满敬意。沟通并不是人类自己发明的，自从生命诞生之初，它就一直维系着地球上所有生物之间的联系。所以，一朵花似乎知道，如果它发送特定的视觉信息，将更有可能被成功传粉。

我们常常忘记，人类也是生物的一员，因此是地球上众多生命中的一部分。让我们更经常地沐浴在森林之中，多花时间与大自然亲近——而且，如果可以的话，带上家人、朋友和我们的同事一起就更好了! 也许我们会从意想不到的地方获得信息，激发出新的创意? 如果是这样的话，不妨将这些想法与身边的朋友或同事分享。谁又知道，未来我们还能从"大自然的语言"中获得哪些令人惊叹的见解呢。有一点显而易见：一切生命都在发送和接收信息!